一句顶万句
关键提问

若初 —— 编著

远方出版社

图书在版编目（CIP）数据

关键提问 / 若初编著. -- 呼和浩特：远方出版社，2023.6

（“一句顶万句”系列）

ISBN 978-7-5555-1612-5

Ⅰ. ①关… Ⅱ. ①若… Ⅲ. ①提问－言语交往－通俗读物 Ⅳ. ①B842.5-49

中国国家版本馆CIP数据核字(2023)第100604号

关键提问

GUANJIAN TIWEN

编　　著	若　初
责任编辑	孟繁龙
封面设计	小徐書装 QQ 704201154
版式设计	曹　弛
出版发行	远方出版社
社　　址	呼和浩特市乌兰察布东路666号　邮编010010
电　　话	（0471）2236473总编室　2236460发行部
经　　销	新华书店
印　　刷	天津中印联印务有限公司
开　　本	880毫米×1230毫米　1/32
字　　数	127千字
印　　张	6.75
版　　次	2023年6月第1版
印　　次	2023年9月第1次印刷
印　　数	1—8000册
标准书号	ISBN 978-7-5555-1612-5
定　　价	38.00元

前　言

生活中，我们要通过各种各样的提问来学习知识和经验，了解他人的想法，获得生活中有用的信息，解决工作上的疑难问题，甚至通过自我考问实现深层次的自我认知……可以说，提问这件事，对一个人的影响远远超乎我们的想象。

有人统计过，在人们的日常社交活动中，接近百分之十的话语来自提问，剩下的百分之九十很大程度上是对各种提问的回答。也就是说，我们每个人每天其实都在被提问所支配。

可惜的是，很多人没有意识到提问的重要性。在他们看来，提问只是人类的本能。这就导致他们在沟通过程中经常是“张嘴就来”“随口一问”，问得没有质量，自然得不到想要的答案，甚至可能因为提问不当而得罪人。

真正的提问高手从来不会把提问当成一件平常的事情。在他们看来，提问不仅仅是询问，还是精心准备和布局之下的试探，是设计之后的实施，是组织之后的严谨，是得心应手的掌控力，是人见人爱的社交能力。很多时候,再困难的局面、再杂乱的问题、再荒谬的对手,只需要几个简单的提问,就能立马搞定。这不仅取决于独到的眼光和精准的提问,更是提问背后蕴含的智商和情商的体现。

为了让人们认识到提问的重要性,掌握正确的提问方法,我们编写了《关键提问》一书。在这本书中,读者可以找到生活和工作中每一个自己问过或者将来可能会问到的问题,同时还有最合理的提问方式。

书中汇集了大量精彩的案例和场景,既讲述了具体的提问技巧,又讲述了面对各种突发状况如何通过提问突围、解困,掌控局面,让读者置身于各种各样的“提问现场”,将各种可能发生的情景提前经历一遍,如果日后遇到类似的情况,就可以驾轻就熟地找到最好的处理方式,提出最恰当的问题。

提问方式分为劣质提问和优质提问,这两种不同的提问方式所带来的人生有着巨大的差异。更重要的是,优质的提问具有强大的力量,既能改变自己的人生轨迹,也能够改变身边的人,使他们朝着更好的方向发展。

当你学会并灵活掌握本书提到的各种提问技巧,就会发现自己在任何情景中都能应对自如,能通过提问得到自己想要的信息。除此之外,本书还可以帮助你与他人建立良好的人际关系,应对生活和工作中的各种难题,练就独当一面的能力。

目 录

第三章　提问的布局与控制，容不得半点疏忽

第四章　正确地提问，才能愉快地沟通

第五章　当沟通加入提问，你便是社交达人

第九章　揭露荒谬的观点，提问是最好的批判

第一章

提问是人生必修的学业

☑ 那些你崇拜的牛人，无一不是提问高手

☑ 提问有心计，就能规避不必要的对立

☑ 用提问代替要求，不动声色地达到目的

☑ 关键提问帮你控制局面，引导事态进展

☑ 避开“雷区”，直达对方内心

那些你崇拜的牛人，无一不是提问高手

不管是在生活还是工作交际中，提问都担负着重大的使命。可惜很多人没有认识到提问的重要性，以为提问就是提出问题这么简单，是人的一种本能，不需要任何训练。实际上，提问是一种非常重要的社交技巧，同样一个问题，通过不同的提问方式，可能会得到截然不同的结果。

我们往往会有这样的感受：有些人特别擅长提问，尤其是在遇到问题或陷入困境的时候，他们充满睿智的提问，总能给人一种醍醐灌顶的感觉，让人一下子从原先的思维困境中跳脱出来，换一个角度去看待事物，从而找到新的灵感，开拓新的思路。

有很多我们耳熟能详的名人都以善于提问著称，他们通过提问来引导别人思考。比如苏格拉底，他善于换位思考，即让自己的立场与对方保持一致，通过提问唤醒对方的自我觉醒与认知，

这比直接告诉对方答案更能让人信服并接受。无独有偶，中国的先哲孔子也是一个善于提问的人，他经常问学生问题，以发问为手段，引发质疑、思考并应答，从而引导学生思辨。

而作为被提问者，面对一个优质的提问，自然会竭力寻找答案，经过深入思考得出的答案，比别人直接告诉你答案要印象深刻得多，行动力也会更强。这正是许多管理人士热衷于通过提问来提升管理效率、激发员工创造力的原因。

不仅关乎个人的成长，很多大企业能够长期保持高速增长，也是因为企业决策层有优秀的人来提出优秀的问题，进而决定公司前进和努力的方向。

1998 年，马同学和张同学创立 ××；1999 年，他们以以色列即时通信软件 ICQ 为模板，开发了一款社交通信软件 OICQ。

当时，国内的互联网市场处于发展起步阶段，市场上有一大批同类型的通信软件。大家都瞄准了互联网经济这个新兴的发展领域。在众多的同类软件开发中，×× 在资金和背景方面并不占优势，随时面临被互联网经济大潮吞没的风险。

一天，在公司内部的一次主管会议上，酝酿已久的马同学向大家提出了一个问题："我们的用户都在哪里上网？"

当时在场的不少人或许还没有意识到，正是这个问题，在不久之后一举拯救了 ××。

ICQ 这个即时通信软件之前在欧美流行，是因为那些地方经济发达，个人电脑以及互联网普及率很高，大家上网用的都是个人电脑，因此 ICQ 的运行模式被设计成：所有的用户信息都储存在个人电脑里，包括聊天记录、好友列表等。因此 ICQ 的所有汉化版本也遵循着这个设计，以 ICQ 为蓝本开发的 OICQ 自然也不例外。

这样设计在欧美毫无问题，因为大家用的都是个人电脑，自己的资料保存在自己的电脑上，是很平常的一件事。但这在当时的中国却行不通。

当时国内的网民要想上网，大部分只能去网吧，而网吧的电脑是公用的，谁会每次都去同一个网吧，用同一台电脑呢？按照 OICQ 的设计方案，只要换了一台电脑，不仅聊天记录没有了，甚至之前加的好友也都找不到了。因此，不少网民在网上遇到聊得来的人，只能把对方的号码抄下来，下次去网吧时重新再加一次好友。

这个当时在所有人看来“稀松平常”、甚至已经习已为常的一件小事，让马同学敏锐地提出了自己的问题，也正是这个问题启发了软件开发人员，他们决定改造 OICQ 的运行机制，把聊天内容和朋友列表放在统一的服务器上。这样一来，无论用户在哪个网吧，使用哪台电脑，都能看到以前加的好友及聊天记录。

正是这个听上去不起眼的问题，使 ×× 找到突破口，上线仅九个月，用户就突破百万人。到 2000 年，就成为即时通信软件中的霸主。

我们不妨留意一下，那些取得卓越成就的人，无一不是提问的高手。一位企业高管说："提问的差距，造成人生的差距。"这并不是夸大其词，曾有机构做过统计：一个人在日常工作中大约有七成的时间是花在各种沟通上，真正完成任务的时间不足三成；造成团队绩效低的第一大原因是"沟通不良"，而沟通不良的第一大"杀手"就是不会提问。

有这样一则寓言：

一把坚实的大锁挂在铁门上，铁棍来到，信誓旦旦要打开大锁，但它费了九牛二虎之力，最终却败下阵来。这时，一把小小的钥匙来了。钥匙和铁棍比起来，实在是太瘦弱了，铁棍蔑视不已。但见钥匙瘦小的身躯钻进锁孔，轻轻转动，大锁便"咔嗒"一声打开了。

铁棍惊奇不已，问道："我这么强壮，费了那么大劲也没打开，你这个不起眼的小不点，竟然轻而易举就打开了，这是为什么呢？"

钥匙说："因为我最了解它的心。"

无论我们面对的是亲朋好友还是坐在谈判桌对面的竞争伙伴，要想在沟通的过程中排除种种干扰甚至阻力，决定性因素是真正了解对方的内心需求。其中的关键，就在于会不会提问。许多时候，只要找到那把正确的钥匙，对方的心结便会迎刃而解，这把钥匙就是正确的提问。

一个"正确的问题"，应该切中要害、能够瞬间抓住关键点，并引导话题朝着更好的方向发展。所以，拥有良好的提问能力，有助于我们与目标对象深入交谈，通过交谈向优秀的人学习，拓展新的思路，提升自己的能力层次。

提问有心计，就能规避不必要的对立

在日常沟通中，我们提问通常是为了获得答案，从对方那里获得一些信息。但在一些特定的情境或者受某些情绪影响的时候，有的人容易把提问变成一种“挑衅”，提出一些令人不快的问题，从而造成双方的对立。

小张是一家土建公司的工程师，最近公司的一个项目出了点问题，整个团队已经连续奋战一个多月，想尽各种办法来解决问题。偏偏这个时候，消息不知从哪里传了出去，公司的几个合作商担心工期拖延，纷纷找上门来，要求公司给出一个解释。

大家已经忙得焦头烂额了，这些合作商偏偏在这个时候来添乱，这让小张心中非常不满。起初他还能勉强按捺自己的脾气，可是这些合作商一个个咄咄逼人，质问他关于项目的问题，询问什么时候能够解决，并强硬地要求他给出一个准话，甚至开始质疑他处理问题的能力。

小张终于忍不住了，他像连珠炮一样发问，将一连串的问题甩向合作商："你们对这个项目知道多少，现在来质疑我的能力，那你们倒是说说，怎么才能尽快解决问题？本来就工期短、任务重，技术性问题你们能解决吗？施工位置不好？这不是你们硬要坚持的吗？现在出了问题你们有解决办法吗……"

小张一连串的提问，让几个合作商的脸色越来越难看，谈判气氛越来越凝重。如果这次会议不欢而散，合作商一怒之下拼着损失也要撤资的话，公司必然损失惨重。就在双方僵持不下，眼看就要谈崩的时候，公司的公关经理小刘及时赶到了。

小刘先是劝走小张，又叫人给几位合作商倒茶、安抚他们激动的情绪。等气氛稍有缓和，小刘没有急着和合作商谈论项目的问题，而是话锋一转，问其中一位合作商："赵老板，我记得前年你们公司最赚钱的项目就是在西区的那个吧？"

赵老板点点头，僵硬的表情稍有缓和："是那个，现在可火了，收益很不错。"

小刘接着问道："那个项目我当时也非常关注，确实做得很成功。我记得那个时候也出了一些状况，整个项目差点就撑不下去了，是吧？要不是您坚决要把项目做完，现在别说赚钱，恐怕只能烂在手里了吧？”

听到这里，赵老板颇为自得地点点头说：“我当时一看就知道，那个项目要是能成，必定得火，值得赌一把！”

小刘微微一笑，话锋一转说道：“我相信各位一开始愿意和我们公司合作，正是因为很看好这个项目，对吧？认为值得投资，所以即便知道有风险，也愿意放手一博。既然如此，那么现在项目遇到一点小小的问题，各位为什么不能给我们一点信心和坚持呢？就像当年赵老板的那个项目，因为有赵老板的信心和坚持，最后才获得了成功。那么今天，各位愿意像赵老板当年那样支持我们的项目，帮助我们渡过这个难关吗？只要挺过这关，相信大家都知道这个项目能为我们带来多少回报！”

最终，小刘成功说服了几个合作商。

对于合作商来说，他们真正关心的问题其实只有两个，那就是他们会有什么损失以及他们能从中获利多少。他们无论是向公司要求解释，还是对小张提出质疑，出发点都源自这两个问题。

小张被激怒之后，不良的情绪战胜了理性的思考，故意提出一些对方回答不出的问题进行挑衅，这样做除了激怒对方，把对方推入对立的阵营，对公司和项目都是有百害而无一利的。小刘则很聪明，他既不谈项目究竟遇到了什么问题，也不谈问题到底能不能解决以及什么时候能解决，只单纯地从风险和收益出发，跟合作商谈论他们最关心也最了解的问题，直击对方内心，最后成功安抚了合作商。

我们与人交谈，目的也是“说服”，让对方接纳我们的意见，按照我们的期望去行动。在这个过程中，如果我们因为不恰当的提问而将对方推到对立面，想要达到谈话的目的就会变得更加困难。

所以，好的提问绝对不是挑衅，而是应该避开不必要的对立，从而更好地掌控沟通过程。

用提问代替要求，不动声色地达到目的

在生活和工作中，我们经常会接收到长辈或上司的一些命令，然后根据命令去完成一些任务。但是，如果有两位上司，一位经常对下属说："你做的这是什么？必须按我说的去做。"另一位则经常对下属说："那样做可以，但是你看看这样做是不是更好一些呢？"你会选择哪一个做你的上司呢？估计百分之九十的人会选择后者，因为不管什么时候，询问都比命令更容易让人接受。

小光有一个三岁的儿子，最让他头疼的是儿子每次生病吃药都很抗拒，他们夫妻从苦口婆心到威逼利诱，用尽各种方法，但却收效甚微。后来，他们发现了一个窍门：每次孩子生病需要吃药的时候，把药拿去幼儿园，由幼儿园老师负责给儿子喂药，就特别顺利。

这件事让小光夫妻感到奇怪，究竟幼儿园老师有怎样的办法？在他们的请求下，老师给他们拍了一段孩子在幼儿园吃药的视频。在视频中，他们听到了这样的对话。

老师："生病难受吗？"

孩子："难受。"

老师："那想不想病快点好，可以和平时一样，跟朋友们一起玩呢？"

孩子："想。"

老师："那生病了不吃药，你觉得病能好吗？"

孩子："不能。"

老师："这些你都知道，为什么还不愿意吃药呢？是不是怕苦？"

孩子："嗯，不想吃，好苦。"

老师："告诉老师，你是不是个勇敢的孩子？"

孩子："是。"

老师："勇敢的孩子在遇到困难的时候，是不是会勇敢地战胜困难？"

孩子："是。"

老师："那我们勇敢一点，不要怕苦，把药喝了，战胜病魔，好不好？"

孩子："好！"

发现了吗？在这场交谈中，老师没有命令、逼迫孩子吃药，也没有苦口婆心地对他说很多大道理，而是按照孩子的思维，通过不断地提问进行引导，让孩子最终“选择”吃药。

在引导的过程中，老师对孩子提的每一个问题都是非常巧妙的。无论是提及生病的种种坏处，还是提及“勇敢”这一话题，最终目的只有一个，那就是让孩子吃药。而且，这些问题看似是老师在询问孩子，实际上，答案都存在于老师给出的选项中。最高明的要求，不是告诉对方“你应该怎么做”，而是让对方主动说出“我决定这么做”。

世界上没有谁喜欢被命令、被支使，因为这会让人觉得自己不受尊重。每个人都喜欢展示自己，更希望用自己的观点影响别人，这是人与生俱来的本性，所以谁会愿意总屈于人下呢？可能你的气焰会暂时占上风，但没有人会发自内心地服从你。

著名的实业家××在为人处世方面深受好评。其中很大的原因就是欧文为人谦逊，在和其他人共事期间，他从来没有对任何人下过直接“命令”，一直以来都是“建议”。××在跟人交谈时，从来不会说“你要做这个”或者“不能做那个”，他总是面带微笑着说：“你可以考虑这样。”或者，“你认为这件事怎么样？”××总是给别人自己做决定的机会，他不会要求别人应该怎么做，而是指引他们，给予空间，让他们自己思考，自己找到合适的解决方法。

这种做法，不仅维护了别人的自尊，让别人感受到被尊重的快乐，也让别人能够认识到自己的问题所在，从而更加自觉地改正。心理学家也认为，只有当一个人有一种被尊重的感觉时，他才会身心愉悦，才会主动发挥自己的积极性。

有句话是这样说的："如果你想树立敌人，那么就去压制他，命令他。如果你渴望拥有的是朋友，那就收起你的骄傲和高高在上。"如果我们留意身边的人，就会发现，越是成功的人，越是身居高位的人，他们说话的语气越和缓，很少用强硬的语气去命令别人，而是更多地询问对方的意图，让对方感受到尊重和亲近。也就是说，提问的出发点是发自内心的尊重，提问的至高境界，是我们真诚的态度。

当然，分析上述事例我们会发现，所谓用提问去帮助对方做出选择，要么是在问题中列出几个选项，要么是有意识地引导对方的思路。

但是，每个人都希望由自己做出选择，一旦察觉到有人有意识地引导自己，就会产生戒备心理，这样就很难达到提问的目的。

所以，使用这种方法时，要充分了解对方的需求和心理，然后以真诚的态度提出问题，让对方相信你是在帮助他。

关键提问帮你控制局面，引导事态进展

与他人沟通的时候，我们常常会遇到各种各样的难题，比如对方不认可我们的观点，或者拒绝我们的请求，等等。这个时候，我们需要做的就是找到问题的症结所在，然后有针对性地提出问题，从对方的期望和疑虑出发，了解对方的逻辑，然后展开“诱导”。

具体来说，就是先给予对方肯定，接受他的意见，而不是驳斥他的看法，然后在对方放松警惕或是认可我们的逻辑时，提出我们准备好的“关键问题”，引导对方思考，从而改变事态发展的方向，找到沟通的突破口。

小王在一家银行上班，有一位客户认真地填好了表格，却拒绝提供两个以上直系亲属的信息。他认为自己签字负责就行了，要求提供两个以上直系亲属的信息纯属过分要求，还有可能泄露自己的家庭隐私。

因为业务上有严格规定，而客户又坚决不肯让步，现场气氛一度十分尴尬。小王知道，如果严格按照银行的规定，自己完全有理由拒绝不配合的客户。但他不愿看到局面朝着失去客户的方向发展。

所以，他没有继续与客户争论，而是给客户端来一杯水，坐在客户对面诚恳地说："先生，这张单据我们一会儿再办，我忽然想到一个问题想请教您，不知您是否方便？"

见客户点了头，小王说："首先，恕我冒昧，我想问的是，万一您存在我们银行的钱出了问题，我们一时又联系不上您，或者您不方便亲自前来，您愿不愿意让您的亲人帮我们联系您，或者代替您本人来处理突发状况？"

客户考虑了一下，说道："我当然愿意。"小王接着又说："还有，万一您突然发生意外，我是说万一，您愿不愿意让您的亲人取出您存在这儿的一大笔存款呢？"

客户立刻又点了点头："我当然愿意了。"

小王微笑着说："那么，您需要提供详细的亲属信息，把这张表格填写完整。"客户听了之后若有所思，没有再坚持自己的意见，而是按照银行的要求填好了亲属信息。小王也顺利地为这位客户办了业务。

这个案例中，小王遇到客户的抵触时，并没有拿出银行的硬性规定为自己充当挡箭牌，也没有任由局面朝着不利的方向发展，而是站在客户的角度解释这个规定的意义：万一您发生意外，需要您的亲人取出存在银行的钱时，留下直系亲属的信息就是十分必要的。很显然，每一位银行客户都需要准备相关信息。

一般来说，人们总是习惯于从自我的角度出发，对事情做出主观的判断和臆测，认为自己所看到的、认知到的东西才是真实的和确切的。所以很多时候，说服和扭转观念都是一个极其困难的过程，相当于把对方的认知全部击溃，再逼迫其重建。这种“暴力破解”的方式也许能有效，却无法得到对方真心的感谢或是毫无隔阂的亲近。

如果我们能够用巧妙的提问引导对方，控制局面，让对方自己找出答案来否定自己原有的看法，情况就完全不同了。这样一来，对方依旧是从自我出发，主观地修正自己的观念与想法，这显然比强行干预要容易得多。前者就好像温和的改革，即使会遇到阻力，终能找到和平解决的方法；后者则如同侵略，很容易导致局面失控甚至两败俱伤。

所以，永远不要试图强行说服和控制，也不要用所谓的“道理”或“证据”作为“武器”攻击谈话对象。一旦参与“战争”，便永远不会存在胜利者。最重要的一点是：我们必须确保谈话一直按照我们期望达成的目标前进。要知道，只有建立在最终目的的基础上的提问，才是我们应该追寻的“关键提问”。

避开“雷区”，直达对方内心

有位作家说：“身体上的伤口，很快便能痊愈，但是失言所带来的伤害，却足以让人记恨一辈子。”

我们在生活中经常会遇到一些“口无遮拦”的提问者，在沟通交流的过程中，他们总会问一些莫名其妙的问题，让人难以回答，要么让交谈陷入冷场，要么双方当场翻脸，搞砸整个谈话。相信你肯定不想成为这样的人，那么，如何避免出现这样的局面呢？关键在于提问时要尽量避开“雷区”，不要让对方觉得很难回答甚至陷入难堪。

比如，一些常识性的话题便属于“雷区”范畴：在跟女性交谈时，年龄、体重、胖瘦、漂亮程度等，都应避免提及；要格外尊重个人隐私，很多个人色彩比较浓厚的话题尽量不要谈及，否则必然会很尴尬。

朱元璋做了皇帝以后，一天，他儿时的一个伙伴来京求见。朱元璋也想见见老朋友，可没想到这个人见到朱元璋激动万分，当着文武百官的面讲述起以前的事：“万岁，你不记得吗？那时候咱俩都给人放牛，有一次，我们在芦苇荡里，把偷来的豆子放在瓦罐里煮着吃，还没等煮熟就抢着吃，把罐子都打破了，撒了一地的豆子，汤也泼在泥地里，你只顾从地下抓豆子吃，结果把红草根卡在喉咙里。还是我的主意，叫你吞下一把青菜，才把那红草根带进肚子里。救了一命哟！”这番话让朱元璋又气又恼，当即喝令左右把他拉出去斩了。

生活中，这样自作聪明的人并不少见，他们不会“聪明”地交谈，对于话题没有规划，缺乏思考，想到什么说什么，因此很容易误入“雷区”，令交谈陷入尴尬难堪。

而擅长在提问时避开“雷区”的高手，往往能够掌控沟通节奏，引导沟通方向，掌控大局，既不会让对方感到不适，又能巧妙地获取自己想要的信息，达到自己的目的。

一个非常经典的例子很好地说明了这一点。

孩子问妈妈：“我可不可以在学习时玩手机？”

妈妈听了很不高兴，严厉呵斥道：“当然不可以！学习应该专心致志、一心一意，怎么能一心二用呢？”

过了一会儿，孩子想了想，又问妈妈：“那我在玩手机的时候可以学习吗？”

这一次，妈妈语气温和地说道：“当然可以，在玩手机的时候还不忘记学习，这是好事！”

暂且不评论这个孩子的做法有什么问题，但是这个孩子提出的这两个问题，本质上没有区别，只是因为提问的方式不同，第二次绕过“雷区”，得到了截然不同的答案。这就是提问的神奇之处。这也说明，只要掌握提问的技巧，我们就能在某种程度上掌控谈话的走向，甚至引导对方的思维。

第二章

有力的问题，离不开有心的设计

☑　设计投射提问，让对方敞开心扉

☑　“曲线救国”“适度沉默”，破解冷场问题

☑　善用提问引导，让对方自己说服自己

☑　绕开对方的“心理防线”

☑　提问须有套路，事先设好埋伏

☑　明知故问是“愚钝”还是“智慧”

设计投射提问，让对方敞开心扉

谈话中，要想占据上风，就得知道对方心里在想什么，需要什么，而这些，谈话对象通常是不会主动向你坦白的。这就需要学会如何在不引起对方警觉的情况下，循循善诱地问出信息。

在这方面，很多优秀的推销员做得非常好，比如在某国产服务器公司担任销售代表的小王就是个中高手。

> 小王进入服务器销售领域期间，国内的服务器公司刚刚起步，当时，国内信息领域几乎所有大客户使用的都是国外的产品。也就是说，国内产品要想站稳脚跟，打开销路，只能从国外服务器的碗里分一杯羹，这可不是件容易的事情。
>
> 有一次，小王到一家公司推销国产服务器设备，他刚刚表明身份，就被那家公司的经理拒绝了。这位经理斩钉截铁

地告诉小王：“你不用在这里浪费时间，我们公司向来是和国际一线品牌合作的，并且这种合作会一直持续下去。除了某国际知名品牌，我们不信任其他公司的产品。”

面对拒绝，小王并不意外，也没表现出半点沮丧，他依然微笑着问道：“先生，我很好奇，国际公司的产品究竟是如何赢得您的信赖的，您介意和我说一说，那家公司的产品的哪些特点最让您满意吗？”

也许是小王诚恳的态度打动了对方，让他觉得即便和这个年轻人聊两句也没什么不好的。于是，他想了想回答道：“国际一线品牌的产品质量在信息行业很有保证，这一点毋庸置疑，他们公司的科技水平也是全球数一数二的。更重要的是，他们有着非常良好的信誉，不仅是业内翘楚，还是行业权威，我们作为服务器领域的高端用户，不管从技术还是市场占有率上，都会选择国际一线品牌的产品。”

小王又继续问道：“您理想中的产品应该不仅仅只包含这些特质吧？假如你们目前使用的产品可以做得更好，您希望他们的产品能在哪些方面有所改进呢？”

经理认真思索片刻后答道：“如果在某些操作界面上的细节能够更加完善就好了，因为有时员工会抱怨一些操作实在过于烦琐，只是不知道这个问题什么时候能够得到解决。当然，如果可以的话，我还希望他们能把产品价格稍微下调一些。我们是大客户，每年的产品需求量都很大，在这方面的费用一直很令人头疼。”

听到这里，小王胸有成竹地笑了起来，对经理说道：“那真是太巧了，先生，我要告诉您一个好消息，那就是您所提出的两个问题，在我们公司的产品上已经完全得到解决。我们公司拥有的技术资源同样是世界一流的，产品的质量和技术绝对有保证。国内服务器业务刚刚起步，也正因为如此，我们能够为您提供更满意的服务，甚至可以完全按照贵公司的要求量身定做更适合的产品。在价格方面，我们公司也极具优势，因为现阶段我们的目标就是用服务和价格打开市场。现在选择我们，您一定不会后悔的！”

事实上，小王提到的这两个问题确实一直困扰着这家公司，现在听小王这么一说，该经理自然也很动心，当即决定先购入一小批产品进行试用。

在这个案例中，客户一开始对小王公司的服务器产品没有任何兴趣，他已经有了一个先入为主的观念，那就是“只用国际一线品牌产品”。在这种情况下，如果小王直接提出希望客户试用自己公司的产品，多半会让客户直接拒绝。但小王非常聪明，他没有试图扭转客户的观念，也不打算说服客户接受自己公司的产品，而是顺着客户的话，巧妙诱导，挖掘出客户对国际一线品牌产品的真实意见，从而抓住客户对产品的小小不满作为切入点，将自己公司的产品“推送”到客户面前，为自己赢得了竞争的机会。

我们在生活和工作中也会有这样的体验：直来直去地询问未必能让对方敞开心扉，如果想了解对方的真实想法，最好采用提问诱导的方式，通过设计一些能够触碰对方“痛点”的问题，诱导和挖掘对方的真实想法，从而得到自己想要的信息。

“曲线救国”“适度沉默”，破解冷场问题

在日常生活和工作中，我们难免会遇到这样的情形：有人在不合适的场合说了不该说的话，结果造成冷场，还让人无比尴尬。

以演讲为例，在演讲过程中，总会有一些“活泼”的听众，出于各种目的向演讲者提问。有时他们是想试探演讲者的水平，有时只是故意出难题，让演讲者难堪。

面对这样的意外情况，演讲者不能置之不理，而要以含蓄深刻、精短有力的回答，体现自己非凡的智慧和应变能力。对于那些借提问之机进行攻击的人，也应当予以坚决的回击。在这方面，达尔文做得就很出色。

有一天，达尔文正在某地进行有关进化论的演讲。突然，一个年轻漂亮的女士站了起来，她有些高傲，话里透出嘲讽：

"照你的理论，人类是由猴子变来的。这理论用到你的身上，还是很可信的，难道我也属于您的论断之列吗？"

全场听众都笑了起来。达尔文自然明白，这位女士是想让自己出丑，但是他没有慌张，而是平静地说："那当然了。不过，我的意见是，您并不是由普通的猴子变来的，而是由长得非常漂亮的猴子变来的，您觉得呢？"

话音刚落，全场爆发出热烈的掌声，那位女士也满脸通红地坐下了。

正所谓塞翁失马，焉知非福，有时尴尬场面未必是坏事，从另一个角度来看，它正给了我们展现口才的机会。很多时候，一句救场的话就可以缓和尴尬的气氛，维护沟通的正常进行，甚至让对方对你刮目相看，迅速拉近彼此的距离。

下面介绍一些沟通过程中破解冷场的技巧：

一是"曲线救国"法，即当前问题遭遇冷场之后，另找一个对方不容易拒绝的问题来打破冷场，最好是非常普通的问题。比如可以问对方："你的故乡是哪里呢？"这是个诱饵。这么普通的提问，对方自然不会有任何戒心，也许会回答："××人。"这时你可以接着再问："××人，我有朋友是××人，为什么你们差别这么大呢？"对方答："什么差别呢？"你说："我朋友说××人都很豁达，很容易沟通。"

二是“适度沉默”法。当发现对方没有听你谈话，可以适度沉默，对方会感到非常奇怪。你看着对方，不说话，对方会感到很有压力，于是就会问：“你怎么不讲了呢？”你说：“没什么事。”然后继续沉默。对方这时根本就不会相信你说的话，会再问：“有事可以跟我说，说不定我可以帮你呢？”然后你再提出想问的问题，这样会起到强化对方注意力的作用。

除了破解冷场，预防冷场也很重要，比如学会搜寻关键词，也就是留意对方话语中经常提到的一些词汇，然后把自己的问题建立在这些关键词上。

比如，某个聊天对象总喜欢提到自家孩子：“我家小孩很聪明，九九乘法表短短三分钟就记下来了。”这时就要抓住对方谈话中的关键词：“小孩”“聪明”“九九乘法表”“三分钟”，然后用提问的方式复述，如“九九乘法表？”“三分钟？”

如此一来，你就能成功抓住对方的注意力，他会觉着你在认真听他讲，会更加热情地解释：“是的，九九乘法表，我当初背下来好像用了至少半天的时间。”这样一来，话题自然而然就会越来越多，出现冷场的概率就会降下来。

沟通时，我们还可以多准备几个话题，以备不时之需。常见的在冷场时“救急”的话题可以跟对方的兴趣、爱好、专业、成就等有关，只要一提出来，对方肯定能顺利接下去。也可以事先了解一些关于对方的家人、朋友、亲人等信息，要是有双方都熟悉的人就更好了，觉得沟通开始降温的时候，就拿出来暖一下场。但要注意观察对方对话题的反应，当对方产生不快或者窘迫时，应及时更换话题。比如，某人做生意被朋友骗，就不要谈论朋友的话题，不然会有很大概率遭遇冷场。

总而言之，生活中不存在无法化解的冷场，只要我们不断学习，巧妙运用各种技巧，关心对方，热情相待，便能融化冷场的坚冰。

善用提问引导，让对方自己说服自己

每个人都喜欢让别人听自己的意见，而不喜欢听别人的意见。所以，说服他人并不容易，尤其是那些性格比较固执、自主意识比较强的人。

但是，仍然有一些巧妙的方法可以破局，只是我们要避开“这个是我的意见，你应该听我的”这样的说法，运用语言智慧，引导对方自己得出结论，让对方觉得这个想法是他自己提出来的。当他说出你想说的内容时，你说服的目的也就达成了。

小杰是一家服装设计图样公司的推销员，经常要去拜访一位著名的服装设计师。这位设计师并没有明确地拒绝他，但也从来没有接受过他的图样。小杰每次去拜访这位设计师，对方都会客气地说：“你把这些图样带回去吧，到时等我消息，我考虑一下！”

毫无疑问，小杰每次都没有等到设计师的消息，他想了很多办法，但不管他如何口若悬河地推销，得到的都是“我考虑一下”这样不明确的答案。

后来，小杰请教了一位经验丰富的推销员，那位推销员说：“我们不是强迫对方买自己的产品，而是要让他们自己做决定。要让他说出自己的想法，谈话的时候，你可以有意无意地把话题往我们的图样上带。总之，你要让那位设计师觉得，你的图样是按照他的意见来设计的。”

听了这些话，小杰开始思考如何使用新的说话方式。一天，他拿着刚完成的图样来到设计师的办公室，这次他没有像往常那样极力地推销自己的产品，而是和设计师聊起了设计。

他微笑着说：“我知道您是一位杰出的设计师，我想请教一下，您觉得今年服装的流行趋势是什么呢？”

设计师停下手中的工作，说：“今年比较流行复古风，一些珍珠元素、流苏元素的运用，会让服装更具惊艳的效果。”

小杰故作惊喜地说：“您这样一提，我倒想起来了，现在复古确实是一股潮流。不过，是不是还有别的选择呢？”

设计师听了小杰的问题，思考了一会儿，说：“其实，如果加上一些规则的罗马柱图案，效果就更好了！”

其实，早在拜访这位设计师之前，小杰就已经做好了功课，知道复古风是这一年度的流行趋势，也知道这位设计师比较喜欢这种风格的设计。所以，他这次带了几张复古风的设计图样，但他并没有直接开口，而是通过提问的方式，让对方说出自己的想法。

随后，小杰拿出自己的图样，谦虚地说："您看我们设计师的想法和您的看法简直是不谋而合，这几张图样也加入了复古的风格，您可否给我们提一些意见？"

这位设计师认真看了看那几张图样，说："这几张图样的设计想法还是不错的，不过还有些不足的地方！"

听到设计师肯定了图样，小杰立即说："能否请您指点一下，看看如何修改才更完美？"

这一次，设计师竟然把这几张图样留了下来，并让小杰过几天再来。几天之后，小杰认真地听取了设计师的建议，并按照设计师的意见进行了修改。等到他再次拜访的时候，设计师很痛快地接受了它们。

与其说这位设计师是被小杰说服了，还不如说是小杰让设计师自己说服了自己。

所以，想要真正说服他人，不妨先用提问或闲聊的方式引导对方，让他们说出自己的想法和意见，然后，我们就可以把自己的想法变成他们的想法，让他们觉得这个想法是自己提出的，还有什么理由不接受呢？

绕开对方的“心理防线”

法国在第一次世界大战后，为防德军入侵，耗费巨资在东北边境地区构筑起强大的马其诺防线，整个防御工事由钢筋混凝土建造而成，十分坚固。然而，令法军万万没想到的是，1940年5月，德军出其不意地绕过了这道无比坚固的防线，这个号称“历史上最坚固”的防御工事没起到一丝一毫的作用，法国人眼睁睁地看着德军打进了自家大门……

之所以提到“防线”这件事，是因为从心理层面上说，每个人的潜意识中都有一道“心理防线”。无论是有意识还是无意识的，在沟通遭遇对立的时候，这道防线就会自然而然地开始起作用。这可以归结为人性中的某种“防御性机制”，一旦遭遇“攻击”，就会自觉进入“战斗状态”。

我们不妨回想一下，在现实生活中，当我们突然遭遇对方提出的相对尖锐的问题时，下意识的反应是什么？是直接回答，还是接受对方的思路，客观地分析自己的想法？都不是，几乎所有人的第一反应都是设法回避，然后举出几个理由或证据来证明自己行为和想法的正确。

就像你走在街上，突然有人向你冲过来，你会下意识地想要逃跑。事实上，你可能根本不认识对方，也完全不明白他向你冲过来的动机。但人就是这样，一旦感觉到压力，自我防御机制就启动了。

所以，我们在向对方提问的时候，一定要设法避开这种本能的自我防御机制。古希腊著名的思想家、辩论家和哲学家苏格拉底，就创造了一种十分有效的提问方式，可以不知不觉地引导对方的思维，绕开那道可怕的“心理防线”，悄无声息地将某些认知“放到”对方的脑子里。

那么，这种神奇的提问方式究竟是怎样的呢？我们来看看苏格拉底是如何提问的。

有一次，苏格拉底和一名学生探讨有关“正义”与“邪恶”、“对”与“错”的议题。

苏格拉底问学生：“你认为偷东西、撒谎骗人、出卖、背叛这些行为是对的还是错的，是正义的还是邪恶的？”

学生肯定地回答道：“这些行为当然是错的，是邪恶的，这一点毋庸置疑。”

苏格拉底又问：“那么，你觉得偷为富不仁者的不义之财去救助百姓，撒谎欺骗坏人来帮助好人，出卖背叛敌人来保卫国家，这些行为都是错的，是邪恶的吗？”

学生顿时愣住了，好一会儿才答道：“啊，不，当然不是，这些行为都是对的，是好的行为。老师，我指的是对朋友不能如此，不是对敌人。”

苏格拉底点点头，又问道：“那么，比如你的朋友对生活很绝望，想要自杀，而你则撒谎欺骗他说，明天一定会好起来的。这种行为是错误的、坏的吗？”

学生沉默良久，回答说：“不，老师，这种行为是正确的，是好的行为。我明白了，所谓的好与坏、正义与邪恶，其实并不是那么绝对的事情，在某些条件下，它们可以相互转换。”

很多人在试图说服别人接受自己的建议或观点时，通常会滔滔不绝地证明自己是正确的。他们试图更加详细地解释自己的观点，迫切地列出一条条这样做的好处，但很多时候结果却不尽如人意。有的时候，你列出的种种理由可能确实无法被反驳；你所陈述的一切，对方也未必就不认可。遗憾的是，人们越是面对这种强劲的攻势，就越会习惯性地防守、拒绝。

苏格拉底的做法恰恰相反，他没有对学生的观点做出任何否定，而是先通过一个个的提问，迂回前进，最终让学生主动分析得出结论。这样一来，对于学生来说，提出论点的人是自己，得出结论的人还是自己，也就不存在“攻击”一说了。苏格拉底自然而然就绕开了学生本能的那道“心理防线”。

如果苏格拉底一开始就直接反驳学生，说他的想法和认知是错误的，学生必然会不服气，找出各种理由和证据来支持自己的观点。即便最终苏格拉底能把学生辩得哑口无言，学生心中也会有所不满，甚至本能地生出一种抵触情绪，拒绝接受老师的意见。这样一来，教育的效果就会大打折扣。

由此可见，好的提问从来就不是一场辩论，那些不必要的挑衅和对立，除了对我们的谈话造成不良干扰，无法给我们带来任何好处。所以，每一次提问之前，我们都应该好好想一想，我们要提的这个问题，对方究竟能否回答？是否会引起对方的警惕甚至敌意？

我们要意识到，每个人都有自己的逻辑，对事情有着自己的判断标准。如果他认定一件事情是错误的，就很难说服他改变看法。因为在对方的逻辑中，他的想法才是绝对的真理。因此，我们想要避开对方的“心理防线”，唯一的办法就是跳出他的逻辑，通过预先设计好的提问，让对方按照我们的期望行事，也让我们的提问落到实处，从而实现自己的目标。

提问须有套路，事先设好埋伏

心理学上有一个著名的选择注意力实验，叫作“看不见的大猩猩”。刚开始观看影片时，测试者会被问到：“穿白衣的人总共传了多少次球？”在这样的提问下，观看者会有意识地将注意力全部集中在“白衣人”身上，很少有人注意到旁边还有一只黑猩猩。

这显然不是视力的问题，它充分证明了如果我们的大脑过于关注某一点，其他信息就很难进入。人的意识是可以被提问控制的，一旦提问改变，具体可见的事物也会发生变化。所以，我们在沟通的过程中，完全可以科学地运用这一特点，用提问来引导对方思考，从而达到自己的目的。

小王新入职一家系统集成公司，被安排在一位项目经理手下，这位项目经理在公司里出了名的业务能力强，连续好几年业绩都是第一，年终奖金也一直是最高的。小王满心欢喜，觉得跟着这样一位有能力的领导，自己一定会成长得更快。

然而没过多久，小王的希望就破灭了，因为他发现这位项目经理平日里工作雷厉风行，事无巨细都安排妥当，工作分派到下属那里的时候，往往就已经是纯粹的执行，闭着眼睛去干就行了，换句话说就是没脑子的人都能完成。

久而久之，这就导致下属们变成了机械行动的"零件"，别说成长，连心气都渐渐被磨没了。这可不是小王想要的结果，他踌躇满志地加入这家公司，是为了让自己有更好的成长。在一次部门聚会之后，他忍不住向项目经理提出了自己的想法："经理，我需要怎样做才能得到提升啊？"

项目经理很快给出了答复："你按期完成我们预定的目标就可以了！"

这让小王沮丧不已，因为项目经理虽然做出了回答，但是毫无意义。

怎样才能让经理多说一些"干货"呢？小王决心想办法解决这个难题。有个周末，他和女朋友逛商场，偶遇一个品牌的汽车企业在商场做营销活动，只要参与就有礼品，他们觉得反正也没什么事，就跟销售人员聊了起来。

原本只是想回答几个问题拿点小礼品，没想到最后足足跟销售人员聊了一个小时，这让小王在纳闷之余，也对销售人员的话术产生了兴趣。他发现，销售人员提出的问题，都是自己无法拒绝回答的。

比如销售人员没有问："您近期有没有买车的打算呀？"而是问："假如您近期准备买车，是喜欢轿车还是运动型多用途轿车呢？"然后小王就不由自主地开始在脑子里比对起车型来……再比如销售人员问："合资品牌的低配与国产品牌的高配如果价钱差不多，您倾向于哪一种呢？"虽然小王并不打算买车，但这些问题却让他不由自主地思考并给出了答案，最后销售人员填满了一整张调查问卷，满意地给他们发了礼品。

有了这次经历之后，小王再向项目经理提问题，也学会了设计套路，比如他问："经理，我按时完成这项任务之后，是要整理今天的反馈内容，还是要准备新的项目标书呢？"这样一来，项目经理往往会给出比较切实的回答，而不是搪塞了事。

小王从汽车销售人员那里学到的，其实是一种带有一定"强制性"的套路提问，属于半封闭提问法。这种方法适用于向他人请教建议、征求他人看法的场合。

这种半封闭的提问技巧在生活中其实很常见，比如，推销员向客户展示新产品时，通常会这样提问："家里有智能型的食品搅拌器吗？"客户说："家里有个食品搅拌器，不过不是智能型。"推销员说："我们这个是最新研发的智能型的。"不久，客户便下了单。试想，如果推销员直接说："您好，您看下这款最新研发的智能食品搅拌器吧。"还能达到这样的效果吗？

职场中像小王的项目经理那样的人比比皆是，他们虽然有能力，却不愿意分享自己的观点。我们首先要理解这些人，他们可能并不是自私，只是过于谨慎罢了。其次，我们应该掌握更好的提问方法，学会用"套路"来设计并提出问题，设下埋伏，让他们不得不回答和分享，这样才能获得我们想要的信息。

明知故问是“愚钝”还是“智慧”

一般来说，人们都不太喜欢与自作聪明的人沟通，因为他们总是自以为是，说话不留余地。他们的初衷也许不是为了为难人，也不是为了让人下不了台，但不管是有意还是无意，逞一时口舌之快，这种自作聪明的作风，只会让他人觉得不舒坦，更有甚者还会对他人造成一定的伤害。

这样的人，不管在什么样的团队里，即使工作能力被认可，但说话能力始终是阻碍他在职场发展的一个大问题。

真正擅长沟通和提问的人，每每与人交谈，都会提醒自己说话要仔细斟酌，体谅别人的感受，给对方台阶，做到话留三分。他们明白，这样做虽然不会战无不胜，但却不至于因一时失言使自己陷入退无可退的境地。所谓的“看透不说透，还是好朋友”，说的正是这个道理。

越是会说话、人缘好的人，越是显得谦卑，他们不会表现出“一切皆在我的掌握中”的姿态，而是尽量少说话、多询问，有时甚至会“明知故问”，表现出愚钝的一面。这在人际交往过程中其实是一种大智慧，往往比一味追求“聪明”更能给人留下好印象。

要知道，人天生就拥有表达欲，渴望得到表现的机会，获得他人的认同和赞美。因此，懂得给别人留一些表现聪明的机会，会为我们赢得更多的好感，同时规避自作聪明的风险。

小刘公司所在的大厦，从十六楼到十八楼都属于同一家企业，这是一家行业内顶尖的大型企业。小刘经常在电梯里遇到那家公司的领导和职员，其中一个小伙子让他印象非常深刻。而小刘留意到这个小伙子大概是三个月前他刚入职的时候。

这个小伙子看起来像是大学刚毕业，干收发员之类的职务，因为总是见他跑上跑下送文件。前几天，小刘看到他的时候，他已经换了制服，有了胸牌，写着经理助理之类的职务，不再送文件了。

按说新入职的毕业生，没理由升职这么快，但小刘一点也不意外。因为这个年轻人非常聪明，进公司不到一个星期，就能在电梯里喊出每位同事的姓名和职务。不过，小刘认为这个年轻人大智若愚、前途不可限量则是因为另一个细节。

那天上午，小刘下楼办事，回来时刚好在电梯里碰到这个小伙子。电梯就要关门的时候，又进来了一个人，小刘一看，来人是楼上那家大企业的高层领导，于是他就暗中盯着那个小伙子，想看看他在领导面前怎么表现。

小伙子自然第一时间认出了领导，并马上开口问好，然后打算替领导按电梯楼层，这时，他问了一个让小刘感到意外的问题："赵总您好，请问是要到十八楼吗？"

赵总当时有点不高兴，反问道："你天天跑我办公室，难道还不清楚我的办公室在几楼，这不是明知故问吗？"

小伙子回答说："我知道您的办公室在十八楼，但不知道您是打算回办公室，还是要去别的部门办公，所以不能自作主张。"

小刘当时心里暗暗为这个年轻人竖起了大拇指，聪明勤快，却知道藏而不露，懂得谦卑。要知道，聪明的人讨人喜欢，但自作聪明的人就令人讨厌了。但凡领导，都不会喜欢手下猜度自己的心思，更别说替自己做决定了。

这个年轻人的聪明之处在于，他懂得严防死守自己与领导之间的"界限"，哪怕只是坐电梯这样一件无足轻重的小事，他也充分表现出对领导的尊重和敬畏。这样做，乍一看可能让人觉得他过于愚钝死板，遇事明知故问，不知变通，实际上这正是他最为有智慧的地方。

每个人都希望别人眼里的自己是聪明的、有能力的、优秀的，因此常常会为了塑造这样的形象而特意做出一些事情来表现自己。但很多人不明白究竟怎样才是真正的聪明，以至于聪明反被聪明误，做出不少适得其反的事情来。

一个真正有智慧的人，懂得收敛锋芒，审时度势。因此，在与人打交道的时候，想要赢得对方的好感，与其总想着表现自己，担负自作聪明的风险，倒不如加点“愚钝”，把精彩留给对方。要知道，有的时候，懂得装笨才是真正的聪明。

第三章

提问的布局与控制，容不得半点疏忽

☑ 提问要有眼色，以免令对方感到不快

☑ 提问怎么布局，才能让人无法抗拒

☑ 善用组合问题，一环一环套出结果

☑ 准备好“撒手锏”问题

☑ 沟通的场合，同样影响提问效果

☑ 学会用反问来应对提问

提问要有眼色，以免令对方感到不快

我们知道，沟通过程不可避免要提问，可以单方面提问，也可以相互提问。提问不仅是希望对方为自己答疑解惑，还可以掩盖自己在某方面的不足，更重要的是，只要提问方法正确，运用得当，就可以大大提升我们对沟通的掌控能力。

这里有一个看似简单却极其关键的问题：我们所提的问题，对方凭什么回答呢？

换言之，提问每个人都会，但并非每一个问题都能得到回应。擅长提问的人，从来不会“放空炮”，言出必有回音。而有一些人，无论什么场合，问题一出口，总让人觉得问不到点子上，或者是无法作答，最终收获的只有尴尬。

小承和妻子结婚那天，朋友们都来祝贺，其中一个朋友还带来了礼物——一辆童车。小承的另一位同事小宇很奇怪，于是问道："他们刚结婚就送童车，是不是早了点？起码也要等快生了再送吧。"

这时，不管是送童车的朋友还是小承夫妇，脸上都有些尴尬。小承没有直接回答这个问题，而是顾左右而言他，招呼大家吃好喝好。偏偏小宇是个没有眼色的人，还以为是小承没有听到自己的问题，于是又跑去问其他人。

但他问了一大圈，大家要么回答不知道，要么面露尴尬，转移话题。小承夫妇看在眼里，对他的态度也变了，与宾客打招呼时总是躲着他。感觉到异样的小宇，这才停止了追问。

不过，小宇的这番询问还是引起不少宾客的注意，不少人在交头接耳议论着什么。事后小宇才知道，小承和妻子是"奉子成婚"，双方老人都很介意这件事，只有跟他们关系很亲密的朋友才知道。婚宴上没眼色的小宇拿着这个问题到处询问，搞得主人不高兴，大家也非常尴尬。就在婚礼后不久，小承断绝了和小宇的朋友关系。

"奉子成婚"毕竟是一件很隐私的事情，小宇却没有考虑对方的尊严，在大庭广众下提这个问题，让小承下不来台，这对人际关系的伤害是非常大的。所以，我们提问时一定要想一想，别人凭什么回答你？我们的问题会不会让对方觉得不舒服，对于推进沟通有没有帮助?

提问是双方共同参与的过程，而不是提问者想问什么就问什么，应尽可能了解和体谅对方的感受。

有时提问就像与合作商商谈报价问题，报价过低时，合作商无法接受，这场交易就无法完成。所以，提问之前，提问者要明白对方的“报价”，这个报价可以是对方的心理接受能力，也可以是对方不愿触及的问题，如果提出的问题让对方感到不快，就难以得到自己想要的回答。

有时提问还要考虑对方的身份、职业。比如对方经营一家手机授权店，而你对电脑、手机类的东西兴趣不大，了解不多，但又想跟对方继续聊下去，可以问：“近来听说某款手机要停产，新款手机要上市了，消息属实吗？”

这样的问题，对方必然很乐意回答。因为对于流行的东西，大家都很关心，而且又是对方了解、擅长的领域。只要你不感到厌烦，便可以一直问下去，对方因为能够发挥自身强项，一定会知无不言，言无不尽，从旧款旗舰手机是否停产，到预计新款旗舰手机会增加哪些功能，再到平板、笔记本等各类产品的更新换代，一直到公司的其他新闻……

这就是会提问的人能取得的沟通效果，形象些的比喻就是“哪壶开了提哪壶”。而不会提问的人往往会把事情弄得很糟糕，比如问房地产经营者家用电器是否会展开价格战，问医生如何提高学生的综合素质，问体育爱好者怎样看待金融危机……很显然，这样的提问只会让对方无法回答，使双方陷入无话可说的尴尬境地。

总而言之，提问者必须不断地用心学习，领会对方的需求，照顾对方的感受，才能在谈话中提出恰当的问题，让对方无法拒绝。

提问怎么布局，才能让人无法抗拒

春秋时期，楚国想要进攻宋国，于是花重金请来闻名天下的能工巧匠鲁班建造云梯。墨子听说后，走了十几天，由齐国赶到楚国，请见鲁班。

鲁班见墨子前来，问道："先生远道而来，有何指教？"

墨子说："在齐国有人想侮辱我，我想求您相助，帮我杀了他，事成之后，我送您黄金千两，这件事您觉得如何？"

鲁班不知道这是墨子编造的，立即拒绝说："我是仁义之人，岂能随便杀人？"

墨子见鲁班口称"仁义"，正中下怀，立即借题发挥，慷慨激昂地说："我在齐国听说您为楚国建造了云梯，目的是要攻打宋国，但是宋国有什么罪呢？楚国强，宋国弱，宋国从来不曾与楚国为敌，还多次出兵帮助楚国，但楚国为了扩张自己的势力，竟然不顾一切地要进攻宋国，这是多么不仁的国家；楚国地广民稀，本来应该休养生息，却连年征战，让本来就不多的人口锐减，百姓生活陷入苦难，可见楚王对待自己的子民是多么不义。您不想杀死一个人，可见您是个讲求仁义的人。但现在您明知道楚国要兴不义之师，不仅不加劝阻，还助纣为虐，您知道您建造的云梯会让楚宋两国的百姓遭受多么大的苦难吗？难道您想成为不仁不义之人吗？”

墨子一席话，说得鲁班无言以对，承认自己为楚国建造云梯是错误的。当天，鲁班便舍弃楚国的重金离开了。

在这个案例中，墨子没有一开口就讲述大道理劝说鲁班，那样鲁班不一定会听从，很可能还会极力为自己和楚国辩解。墨子很聪明地通过布局提问，诱使鲁班亲口说出“我是仁义之人，岂能随便杀人”的观点，然后步步紧逼。一番提问犹如层层剥笋，最后露出笋心，不仅阐明了自己的想法，也揭示出深刻的道理，使鲁班欲辩无词，只得低头认错。

墨子的做法值得我们借鉴。在沟通交流的过程中，很多人倾向于凭借能言善辩来使对方臣服，但结果往往适得其反。这是因为，一味地给对方灌输自己的想法，只能使对方对你提供的信息产生怀疑，甚至产生反感或抵触情绪。

其实，与人沟通能否成功，是由讲话者能否给对方以信赖感所决定的。信赖感的产生过程就是逐步走进他人内心的过程。

因此，我们在扭转他人的想法时，必须采取诱导的方式，以严密的逻辑来布局，有条不紊地将问题抛给对方，这样才能做到丝丝入扣，直击心灵。

某酒店服务员惠子捡到顾客遗失的一部手机，想悄悄据为已有，被客房部经理小宋发现。小宋要求惠子上交手机，惠子拒不上交，并说："手机是我捡到的，又不是偷的，更不是抢的，不上交也不犯法。"

小宋听了没有生气，而是心平气和地问道："惠子，你知道什么叫不劳而获吗？"

"不知道，也没必要知道。"惠子没好气地说。

小宋说："不经过自己劳动而想将某些东西占为已有，就是不劳而获。"

惠子瞥了小宋一眼，不屑地说："经理，您什么时候变得咬文嚼字了！"

小宋耐心地问："惠子，你说抢东西是不是不劳而获？"

"是。"惠子不耐烦地说。

"那偷东西是不是不劳而获？"

"是。"

“那捡到别人丢失的东西想要据为己有，是不是不劳而获呢？”

“这……当然……是。”惠子有些语塞了。

小宋语重心长地说：“所以，国家法律规定，捡到东西不归还的，同样是违法行为，还要负法律责任。”

惠子有些冒汗，不知道该说什么。

小宋继续说：“捡到别人的东西据为己有的行为，和偷、抢得来的东西，在不劳而获这一点上是相通的，除了国家法律，我们还应具有一定的社会公德。再说，酒店里也有规定，拾到顾客遗失的物品必须交还，你可不能因小失大啊！”

经过小宋的耐心教育，惠子终于认识到了自己的错误，主动上交了手机。

很多时候，利用提问层层深入，让对方在心理上慢慢接受你说的话，有着事半功倍的效果。从理论上讲，这种沟通技巧符合心理学的基本规律；从实践结果来看，只要在提问时善于布局，巧妙运用提问技巧，就能取得意想不到的沟通效果。

善用组合问题，一环一环套出结果

在沟通中如何获得对方的认同，是讲话者最为在意的，但如何才能获得赞同，也是让人们感到焦虑的事情。很多人认为，打压对方的气势，可以在开口前就占据气势的制高点，震慑对方的内心，使对方顺势认同自己的观点。于是，沟通中经常会出现这样的误区：在双方沟通的开始部分，采用压倒性姿态，试图一鼓作气让对方接受自己的观点。实际上，这只会适得其反。

那么，怎样才能在沟通的过程中得到对方的认同呢？谈判高手这样说："我在进行一场讨论之前，会事先准备一系列对方感兴趣的问题，组合搭配，在适当的时机抛出，吸引对方的注意力，通过一系列问题逐渐带出我想表述的真正想法，讨论就能获得预期的效果。"

很显然，如果说回答问题是防守的话，提问就是进攻了。那些擅长沟通的高手，往往善用“进攻组合拳”，他们提出的很多问题看似东一个西一个，实则环环相扣，联系紧密，通过这样的“进攻”布局，让对方在不知不觉中跟随自己的思路，改变其态度。

小麦是推销员，负责向郊区的农民推销公司新研发的新式采光设备。由于是新产品，价格也不便宜，所以推销工作进展不太顺利。但经过小麦的不断讲解和劝说，不少农民都购买了，只有远郊的一个老妇人比较棘手，之前很多同事前去拜访，每次都被谢绝。公司决定派小麦再尝试一次。

这天，小麦来到这家农场，老妇人得知他是推销员，立马“砰”的一声把门关上了，还隔着门缝警惕地怒视着小麦。小麦走上前去，笑着说：“尊敬的太太，请您等一下。很抱歉，打扰您了！我知道您对我们的产品不感兴趣，我这次登门不是来推销，而是向您买一些鸡蛋的。”

门依旧紧闭，老妇人问道：“你跑这么远就为了来我这里买鸡蛋？”

小麦不慌不忙地回答：“您家的鸡长得真好，看它们的羽毛长得多漂亮。这些鸡是名种吧！您能不能卖我一些鸡蛋呢？”

见小麦识货，老妇人才从门里走了出来。小麦十分清楚自己的计划已经初见成效，于是更加诚恳而恭敬地说：“我听同事们说，您一直在用小米、青菜等喂养鸡，便回家和太太提起。太太觉得吃天然饲料的鸡下的蛋更好吃，更有营养，我只好跑到您这里来买……”

老妇人顿时眉开眼笑，将小麦迎进鸡舍，还向他介绍养鸡方面的经验，小麦听得很认真。

又聊了几句后，小麦问道：“据我所知，用自己配的天然饲料喂鸡，不如喂成品饲料长得快，下蛋也少，这样您岂不是很吃亏？”

老妇人叹了一口气，表示也很无奈：“成品饲料营养不高，鸡蛋的质量也不好。我想做点良心生意，虽然我的鸡蛋产量低，但个个都很有营养。”

“做生意当然要讲良心，”小麦表示赞同，“其实，用天然饲料喂鸡，也能实现高产量。这样的话，您既能做良心生意，又能挣到更多的钱。”

此时，老妇人对小麦最初的反感已荡然无存，追问道：“真的吗？怎么做？”

小麦这才切入正题：“如果鸡舍能够安装新式的采光设备，让鸡多晒太阳，就可以增快发育，提高产蛋量。”

接着，小麦针对养鸡的用电需要详细地进行说明，老妇人也听得很认真。

两个星期后，小麦收到了老妇人的定货申请。

小麦之所以能成功说服顽固的老妇人，就是因为他不急于求成，不直接推销，而是把自己的目的隐藏在一大堆问题之中。他首先以买鸡蛋为托词，让老妇人放下戒心，又通过询问养鸡的种种问题，打开老妇人的话匣子，赢得她的信任；之后，用一个又一个问题把话题引到鸡舍、产蛋量、用电上，一步步地让老妇人明白用电照明的好处，促使老妇人一点点地接受他的观点。所以，在这次拜访中，即便他并没有推销用电，老妇人也改变了自己的态度，递交了用电申请。

通过这个案例，我们可以知道，在沟通的过程中，当对方明确拒绝你后，一味地强调和说服，只会起到反作用，让对方彻底产生反感和敌意。这时，要想实现自己的目的，必须改变沟通方式，比如利用组合好的一系列问题来引导对方，让对方一点点地改变态度，直到完全接受你。

这种设计问题、层层布局的方式看似简单，其实很考验一个人的口才及掌握对方心理的能力。说话之前，只有经过深思熟虑，找到合适的问题，才能在组织问题的时候使用最有效的“组合拳”，从而打开对方的心扉，实现自己的目的。

准备好“撒手锏”问题

在决策性质的谈判过程中，如何提问是一个很重要的技巧。通过提问，我们可以获得很多重要的信息，比如发现对方的需要，知道对方追求什么，等等，这对谈判具有重要的指导作用。

当然，要想做到这一点，必须做好充分的准备。首先，需要了解对方的背景信息，掌握对方的基本情况，做到“知己知彼，百战不殆”。同时，还要提出一些能够牵制对方的问题，挫一挫对方的锐气，以便更好地掌握主动权。

小王是一家外贸加工厂家的销售人员，在上海的一次展会上，他碰到了一个厂商代表，对方的采购量比较大。双方合作了两次之后，小王觉得这个客户有望成为长期合作伙伴，于是邀请他来工厂参观。客户如约而至，参观过程也令他很满意，之后便进入签长期约的谈判阶段。

客户报的价格很低，因为他对中国的加工行业了解很深，是个中国通，对产品也非常了解。小王越谈越觉得吃力，报价被客户一压再压，几乎没有了利润空间。这时，客户又提出另一个要求，想要独家代理其中一个需要单独开模的产品，理由是他的出货量很大，如果不能独家代理这款产品，他打算另找合作伙伴。

面对咄咄逼人的客户，小王决定改变谈判策略。他安排助手整理了该款产品的销售状况，包括销售量和合作商家的名单，做到心中有数。在第二天的谈判桌上，小王没有直接回应客户再次提出的独家代理要求，而是轻描淡写地提到另外几个当地的销售合作商，包括几个间接合作的客户，然后对客户提出一个问题：这个产品之前的销量虽然不算大，但毕竟一直有订单和合作渠道，如果答应客户的要求，就等于放弃了之前的销量以及合作渠道，对于厂家的这部分损失，客户能否在销量上有所保证，加以弥补呢？

这个问题显然触及了客户的痛处。客户接下来的表态谨慎了许多，不再一味地咄咄逼人。经过磋商，客户以增加每季度固定采购量的代价拿下了这款产品的独家代理权，满意而归；而小王也签下了一个长期稳定合作且销量很大的固定客户，可以说皆大欢喜。

小王的谈判之所以能够成功，就在于最后所提问题的“杀伤性”，看似轻描淡写，却不但表明了自己已有的合作商和销量，而且表明了态度：已有成熟的合作渠道，如果客户拿不到独家代理，厂家完全可以给其他合作商。这样一来，挫掉了对方的锐气，让他意识到问题的严重性，只能老老实实地坐下来继续谈。

由此可见，谈判中的提问十分关键，很多时候要准备几个具有“杀伤性”的问题，为谈判冲突做好铺垫。当对方不感兴趣、不关心或犹豫不决时，可以提出一些有力度的问题，比如：

“我想知道，你们准备付多少钱？”

“对于我们的消费调查报告，您有什么意见？”

“对于我们的产品，您有什么不满意的地方？”

在获得了准确的答案后，就可以有的放矢地应对，找出理由来说服对方，促成此次交易。

这里有几种具体的提问方式，可以根据谈判情况来选择使用：

一是证实性提问，即针对对方的答复再次问询，使其对答复进一步证实或补充。这类问题不但可以确保谈判双方在沟通上不会产生误解，而且可以进一步发掘出我方想要的信息，让对方感到我方对其答复的重视。

比如可以这样向对方说：“您刚才说对目前进行的这笔买卖，您可以做取舍，这是不是说您能全权跟我进行谈判？”“您的回答，是不是可以理解成‘产品毫无质量问题，如果出现差错，维修费用由你们全出？’”

二是坦诚性提问，这是一种向对方推心置腹的友好性提问。一般来说，这种方法主要用于对方陷入困境，而我方出于友好，准备帮其排忧解难的时候使用。这种类型的问题，最能制造某种和谐的气氛。比如说：“告诉我，你至少要销售掉多少？”“你是否清楚，我已经提供给你一个很好的销售机会？”这样就能让对方心存感激，使谈判顺利进行。

三是强迫性提问，指在谈判中处于绝对的主动权时，将压力转移给对方。比如对于工期的延误，可以坚定地说：“原来的协议你们是今天实施还是明天实施？”这样对方只能赶紧进行解释，没有争辩的余地。

需要注意的是，强迫性提问不是打压，应适可而止。如果对方表现出诚意，问题也已顺利解决，就不必继续表现出强势，以免对方产生怨恨，反而消极怠工。

另外，我们还要注意提问的时机。有时问题提得再好，如果时机不对，同样起不到应有的效果。一般来说，当对方发言停顿、间歇时，正是提问的最佳时机，比如说：“细节问题我们以后再谈，请谈谈你的主要观点好吗？”“第一个问题我们听明白了，那第二个问题呢？”从而将谈判的主动权牢牢掌握在自己手中。

沟通的场合，同样影响提问效果

生活中，我们都会有这样的经验：不同的环境，就应该说不同的话。这就好比葬礼上的音乐应该是悲伤缅怀的，婚礼上的音乐应该是愉悦喜庆的，如果将两个场合的音乐调换，就很不合适了。

日常沟通也是一样，郑重的场合就该说郑重的话，轻松的场合就该说轻松的话，如果说与场合不符的话，只会令人感到拘谨、压抑，甚至是愤怒。我们不妨留意一下，生活中沟通能力低下的人，就容易犯这样的错误。

大学毕业之后，相恋多年的小张和小静在同一个城市打拼，两人不说事业有成，但也算是稳定，两人都觉得他们的关系有必要更进一步。小静向小张提议过年的时候去她家拜访一下她的父母，顺便商量婚事，毕竟两人年纪不小，也该成家了。

然而，他们的计划被一场意外打乱了。小静的父亲意外受伤骨折，生活无法自理，小静的母亲身体也不太好，于是小静和小张专门向单位请了长假，回去照料。小静的父母见小张忙前忙后，事必躬亲，对他感到非常满意。

小静的父亲出院那天，小张为庆祝老人康复，特地到一家大酒店订了一桌酒席。小静的父亲也邀请了家里的亲戚，准备向大家宣布孩子的终身大事。

小张得到二老的认可，自然是喜上眉梢。在宴会上，亲戚们推杯换盏，说小静的父亲康复出院加上小静的终身大事，是双喜临门，纷纷向小静的父亲表示祝贺。

由于小静的父亲腿伤初愈，不能喝酒，也不能吃得太油腻，小张便交代服务员先上一份米饭，然后亲自递到小静的父亲面前，说："伯父，您要饭吧？"

小静的父亲听了一愣，没有说话，表情也有些冷冷的。在场的亲朋好友一个个想笑不敢笑，小静和她的母亲也蹙起眉头，显得有些不高兴。

小张并没有发现有什么不对劲，继续忙着招呼大家喝酒吃菜。酒过三巡，小张低头时忽然发现椅子下有一串钥匙，赶忙俯身捡起来，说道："谁钥匙掉了？"他一边说一边仔细一看，嗨，原来是自己的钥匙。他不好意思地笑了笑，把钥匙放进自己的口袋。这时他已经喝得有些醉醺醺的，丝毫没有注意到一旁脸色铁青的小静的父亲。

酒足饭饱之后，小张把亲戚们送到酒店门外，安排他们打车离去，然后回到包间，准备送小静及其父母回去。他觉得今天自己的表现不错，大家看上去都挺满意的。

结果，他还没来得及开口，小静的父母便一脸怒气，连招呼都没打，就带着小静离开了。

小张一下子如坠云里雾中：这是什么情况?

事情的严重性也远远超出了小张的想象。此后的一个多月，小静没有给他打过一次电话，他打电话给小静，小静没说两句就挂断了。小张意识到，小静的态度是从那晚的饭局开始转变的，于是便问小静发生了什么，他是不是哪里做错了。

在他的一再追问下，小静气冲冲地说："那天吃饭，你一会儿问我爸是不是要饭，一会儿又问谁要死掉了，我和我爸妈能不生气吗？有你这样说话的吗？"

小张这才想起那天他在饭桌上一时开心，就没有说普通话，说的是家乡的方言，而他家乡的方言"钥匙"与"要死"是一个发音。在小静父亲心中，"要饭"其实就是乞丐乞讨的意思，这才造成误会。

知道了症结所在，小张专门去小静家解释，以求得到小静和她父母的原谅。事后，他也进行了深刻的反思：以后说话一定要注意场合，方言只有当地人才能听懂，最好只在当地说。如果在听不懂方言的人面前说，不但容易闹笑话，更有可能引起误会，惹人不快。

如果我们注意观察身边那些人缘好的人，会发现他们无一例外都是懂得根据场合说话的人。总结起来，不外乎以下几种情况：

首先，公共场合说话要注意影响，这一点非常重要。在公共场合，不仅要注意声音大小，更不能涉及一些过于私密的问题，否则会十分惹人反感。如果准备不足或者实在不知道该说什么，不妨保持沉默，以微笑示人，至少能给别人留下平易近人的印象。

其次，无论是职场还是朋友圈，一定要谨言慎行。比如在工作中，当领导的工作出现失误时，下属绝不能当着众人的面提出问题，可以委婉提醒，最好让领导自己发现错误；在生活中也要注意不能一个劲地询问别人的各种烦心事，议论他人的好坏。这并不会让朋友认同你，反而会让朋友认为你是一个背后议论他人的小人。

另外，与亲人团聚一般是逢年过节的场合，虽然很多长辈总是问一些让人觉得难以启齿的问题，但作为晚辈，一定要表现得礼貌懂事，多说好话、喜庆的话，不能询问病情、年龄等亲友不愿意提及的问题。

有句俗话说得好："一句话把人说笑，一句话把人说跳。"提问时懂得区分场合，让自己的语言融入环境，才能得到更多的认同感，从而达到更好的沟通效果。

学会用反问来应对提问

在一个公开场合，有记者问了一位知名主持人一个比较敏感的话题：你觉得你和另一位主持人，谁更厉害一些？”

假如这位知名主持人说自己厉害，会引发舆论哗然；如果说另一位主持人厉害，会被网友指责虚伪。

在这样两难的局面下，这位知名主持人是如何处理的呢？他没有直接回答，而是回敬了记者一个问题：“你觉得呢？”

记者听后满脸通红，他选择了沉默，这个存心刁难的问题就这样被忽略过去了。

虽然我们并非公众人物，不会遇到上例中的问题，但有时也会面临一些棘手的问题。这个时候，是回答还是不回答？回答了会得罪人，不回答也会得罪人。所以，最好的办法是用反问来应对提问，就像那位以情商高著称的知名主持人一样，将有意刁难、不便回答的问题用反问“踢”回去，从而把主动权牢牢控制在自己手中。

另外，我们在生活中有时会遇到那种尖酸刻薄的人，他们在挖苦别人的时候只图一时之快，话未经过大脑就已经说了出来。面对这种将说酸话融入本能的人，直接反问能将他挖苦的话全部送回去，起到用他自己的话扇他耳光的效果。

周女士因公出差，邻座是一位看起来很有涵养的男士。这位男士主动和她搭讪，周女士觉得一个人干坐着也挺乏味的，于是就和他攀谈起来。开始时这位男士还算规矩，和周女士只是谈谈乘车的感受。可不知怎的，谈着谈着，这位男士竟然话题一转，问了周女士一句：“你结婚了吗？”周女士一听顿生厌恶，于是她态度平和地对那位男士说：“先生，你的收入是多少？”那位男士听周女士这么一说，也觉得有点唐突，尴尬地笑了笑，不再说话了。

我们不能不佩服周女士的应变能力。简单一句提问，既表达了对对方失礼的不满，又没有令对方下不来台，可谓一举两得。

日常与人沟通时，我们应该做好坏两手准备，毕竟不是所有人都带着善意。面对别人无理的质问，或是不合理的请求，我们要冷静考虑对策，拿捏好反驳的分寸和尺度。

或者换一个角度，通过反问把“皮球”踢给对方，不仅可以不动声色地阐明自己的观点，还可以避免很多正面的冲突。

以下是几种常见的反问方式：

一是对比型反问，指将两个截然相反或类似的事物进行对比，然后再进行反问，便可以产生较强的说服力。

比如，某个人做了错事又不自知，甚至会问别人他是不是做得正确，这个时候，可以试着找一个曾经犯过类似错误的人，问他那个人做得对不对，从而让他认识到自己的错误。

二是比喻型反问，指用一个通俗的比喻，形象地说明道理，然后再进行反问。这种方法简单易懂，可以将抽象的道理形象化。

有人曾经问墨子：“多说话没有好处吗？”墨子回答：“青蛙、蛤蟆日日夜夜叫，别人都烦；公鸡只叫一声，大家就都精神了。多说话有好处吗？”墨子在比喻的基础上进行反问，使得道理浅显易懂。

三是联想性反问，指在遇到不平等回应时，使用的一种表面不伤害双方关系，但却一语中的的反问方式。

有这样一个故事，地主在半夜就催长工干活，喊道：“天亮了，干活去。”长工说：“等我捉完虱子再去。”地主说：“天这么黑，怎么捉虱子啊？”长工回答说：“天这么黑，怎么干活啊？”地主顿时哑口无言。这个反问运用的就是联想，地主把半夜说成白天，长工由此展开联想，把捉虱子和白天联想起来，如果否定这一点，那么另一点也就站不住脚了。

四是机智型反问，指考虑交谈物件和情景，从其他角度表达自己的态度和观点，巧妙回应对方。

著名作家安徒生生活俭朴，有一次，他戴着一顶破旧的帽子在街上走，有个行人嘲笑他说："你脑袋上的那玩意儿是什么？能算是帽子吗？"安徒生不露声色地回敬说："你帽子下那玩意儿是什么？能算是脑袋吗？"

五是幽默型反问，指问话既能令人感到有意思，又能让人有所领悟。

有一个笑话，妈妈问儿子要哪个苹果，儿子选择了大的，妈妈告诉他要有礼貌，应该选小的。他反问道："妈妈，懂礼貌就得撒谎吗？"儿子在反问中把礼貌与谎言这两件不同性质的事情联系在一起，既让人觉得好笑，又不得不承认他的行为是对的。

当然，技巧性的东西想要灵活运用，还需要多加练习，熟能生巧。掌握了反问的技巧，我们就可以使谈话平中见奇，一语中的。

第四章

正确地提问，才能愉快地沟通

☑ 有的放矢，多问不如精问

☑ 越重要的事情，越要问得“不经意”

☑ 别让你的提问，听着像审犯人

☑ 面对不同的人，要用不同的问法

☑ 提问没有回应，学会解围才能继续

有的放矢，多问不如精问

我们鼓励提问，刨根问底能带来具有深层次意义的答案。但是，这并不意味着我们可以不经过大脑，一拍脑袋就拍出个问题来。

提问讲究精益求精，最好一语中的，这样才能给我们带来有意义的对话。

有一位话不多的主持人，但每次提问都能触动人心。她的问题，不是为了提问而提问，而是为了引出被采访者的心声。还记得她采访某明星的时候，居然让一向高冷不容易琢磨的某明星，几乎潸然泪下。

"你才多大？"

"你要把时间留下来干吗呢？"

“为什么要用多年前的这几句话？”

某明星的话也不多，一般人采访他通常会问很多问题，比如：“你为什么这么有才华？”“你下一步要拍什么？”“你最喜欢跟哪个演员合作？”这些问题都有一个共同的特点，那就是问不到点子上去，让某明星的回答不走心。所以，就算准备一千个问题，如果触及不到被访者的内心，便毫无意义。没有灵魂的问题只关注表面，直到结束仍不知道对话的意义所在，只会浪费时间和精力。

而主持人则不同，她清楚做喜剧的人天生有一种悲剧感。言简意赅却富有深意的问题，就像一把精致的钥匙，可以直接打开对方的心门。在这个基础上，双方的对话不再是走走过场，而是真正富有意义的“看见”。问题是带着眼睛的，它拨开层层迷雾，最终让对方在不知不觉中吐露心声。主持人的提问很少，大部分时间都在静静地倾听，这是问再多问题也达不到的效果。大部分人都还记得，某明星最后对着主持人说“谢谢”的时候，观众能从屏幕的另一边感受到弥漫出来的感动。

在沟通的过程中，有的人擅长直白，有的人异常含蓄，有的人故作神秘，还有的人喜欢保持沉默。无论面对哪种谈话风格的人，提问都要精而准。不然，没有沟通技巧的提问，换来的必然是没有信息量的回答。一来一往，大家都会觉得毫无意义。

小静看到同事萱萱的气质很好，也想跟着学学其中的技巧，于是问道："萱萱，你的气质怎么这么好？"

"还可以吧，哪有你说得那么好。"

"你是怎样养成这么好的气质的呢？"

"我也没有特意做什么啊。"

"你肯定有什么秘诀，还是快点告诉我吧。"

"这个，还真没有呢。"

"我这个年纪还能练出气质来吗？"

"应该可以吧。"

气质本就是一种很玄妙的东西，而小静的问题更是虚无缥缈。她的提问看似关于气质的培养，实际上都没有问到点子上。纵然她又是赞美，又是质疑，还是没能让萱萱给出一个让她满意的答案。

那么，换一种提问方式又会怎样呢？

小静："你走起路来特别有气质，有没有专门训练过体型？"

萱萱："我小时候跳过芭蕾舞。"

小静："该如何保持腰背挺直呢？你这样的身姿特别有气质，走路非常好看。"

萱萱：“我有一种训练方式可以推荐给你，我个人觉得很有效果。”

小静：“如果我现在开始训练，你有好的建议吗？相信你肯定有这方面的心得。”

萱萱：“坚持，每天都靠墙站，很有效果的。”

这样的对话，是不是更能帮助小静实现自己的气质梦呢？不需要太多问题，就能让萱萱愉快地给出有效建议，这就是有的放矢。避免用没有意义的问题得到没有意义的答案，这才是讲究精问的意义所在。

那么，怎样才能避免提出一堆没有意义的问题呢？首先，明确自己问题的重点，只有针对具体某一点进行提问，才能避免出现废话连篇的情况。其次，先思考后提问，这样才能组织好语言，避免不恰当的用词。最后，设身处地把自己当成被提问者，感受一下如果那些问题需要自己回答，是不是好回答？愿不愿意回答？

大家的时间都很宝贵，难得有相互学习、沟通的机会，千万不要乱放空箭，耽误彼此的时间和精力。一厢情愿的“多多益善”应该及时被发现并清除，营造一个精致的对话空间。

越重要的事情，越要问得“不经意”

有一句歌词：“总是假装不经意，走过你家大门外。”情窦初开的男生和女生，明明想要见到彼此，却只能假装偶遇。这样的初恋，总是酸酸甜甜，惹人回忆，也许怀念的不是那个人，而是当时欲语还休的心情。

有人会问，这跟我们要说的沟通术有什么关系呢？跟我们要学习的提问方法又有什么关联呢？对于少男少女来说，初恋是天大的事情，心里越是在意，越是装得云淡风轻，以免丢了面子。与之类似，当我们有一肚子的问题要问时，也要压抑住自己的心情。尤其要把最重要的那个问题，以“不经意”的语气问出来，这才是高级的提问之道。

有一对青年男女通过别人介绍认识，两人都不是外向活泼的人，相处了一段时间，彼此都感觉挺好的，但谁也没有表露心迹。终于有一天，男方忍不住了，想知道女方是怎么想的，两人的关系究竟该如何定义。

于是，他把女孩约出来，在一个环境优雅的餐厅，两人边吃边聊。吃了一会儿，他问女孩：“你觉得今天的饭菜怎么样，合你的胃口吗？”

女孩点点头，看起来挺满意：“口味挺不错的，这些菜都是我爱吃的。”

“那就好，你喜欢吃就最好了。你觉得他们家环境怎么样？”他又提出了一个问题。

“我觉得挺好，安静又干净，装修得非常用心，店主的审美挺好的。”

男士听了立马点头表示同意：“对，我也是这么想的，以后咱们可以常来，你觉得怎么样？”

“那多浪费啊，偶尔来吃一次就可以了。”女孩听了很开心，却不支持他的提议。

“我还有个问题想问问你，你觉得咱俩怎么样，合不合适？你愿不愿意做我的女朋友？”重点问题来了，但是被男孩说得好像是顺口一提，而不是正式又有紧张感的询问。

女孩听了，有点不好意思地说：“我觉得你挺好的。”

向女孩表达心意的确是一件很考验智慧的事情。案例中的男方担心被女孩拒绝而陷入尴尬，于是在前面铺垫了一大堆关于吃饭和餐厅的话题，然后才假装不经意地带出这个话题。他把日常性的、无关紧要的问题放在前面，把重要的问题放在后面，语气随意，态度随和，就好像在说：你答与不答，我就在这里。你同意或者拒绝，都不影响我的心情。

如果特别强调某个问题的重要性，难免会给对方带来压力，暗示对方必须直接应对。这样做，一方面会破坏和谐；另一方面，得到的回答未必就是真话。

朋友开了一家店，邀请闺蜜们去捧场，凡凡和其他闺蜜当天都去了。到那儿一看，大家大吃一惊。这可不是家普通的女装店，都是些原创设计和轻奢品牌，看上去价格不菲。这让凡凡心里犯起了嘀咕："说是去支持朋友的，如果不买点东西，总觉得不是那么回事。但是现在也没有贴标签，不知道价格，怎么好直接出手？万一是自己承受不了的价格，那可得不偿失。"

凡凡一边赞美朋友的品位，一边看那些很高级的衣服。她看中了一件西装，设计简单不失品位，有个性又有一股文艺风，非常贴合自己的衣品。但贸然问衣服的价格，肯定会被朋友看出心思，怎么办呢？

她想了想，先随便拿出一件，问朋友："这是秋装还是冬装？"放回去之后又拿出一件不同风格的，问道："这是什么材质的，摸着手感不错？"这样在店里逛了一圈之后，她最终才拿起那件心爱的小西装，装作不经意地问道："这个多少钱？"

因为她已经问了几个问题，朋友以为她只是随意问问，就没有在意，也没有强推。凡凡听完价格之后，发现并没有想象中的那么贵，于是穿上试了试，果然很适合自己，就特别爽快地付了钱，双方皆大欢喜。

提问有个先来后到，也有轻重缓急。如果是非常紧急的事情，就不要再等了，快速解决问题才对。但如果是特别重要的问题，不想被别人看出来，就要学会不显山露水。

掩饰自己在意的地方，让对方不明就里，这种策略对别人没有什么伤害，但对我们的内心需求却异常重要。

别让你的提问，听着像审犯人

我们在日常交流中却不能让自己的提问听起来像是审问犯人，因为大家关系平等，刻板而冰冷的提问，会让对方感觉自己不被尊重，冷漠与疏离感随之而来。

公司人力资源助理小何，本来只负责筛选简历及办理入职手续等工作，但是最近经理又给她增加了一项工作：面试。这个工作特别重要，事关公司能否招到合适的人才，能不能准确把握应聘者的能力与性格等。所以，小何特别重视，做了不少准备工作。每次面试之前，她都会认真查看应聘者的简历，并做好各种标记。

然而，连续进行了几次面试，一个入职的都没有，人事经理很纳闷，决定旁观一下小何面试的过程。

领导坐在身边，小何自然更加重视。

面试者如约而至，小何首先说道："跟你介绍一下，这是我们经理。我接下来需要问你几个问题，希望你能配合我，如实作答。"

面试者点点头，经理却皱起了眉头，心想："怎么听着感觉怪怪的？"但是他并没有打断小何的面试。

小何开始提问："请问你的姓名、年龄以及籍贯？"

"我叫小伟，今年二十六岁，河北人。"

"哪年毕业？学什么专业？"

"毕业四年了，新闻学专业。"

"上一份工作是什么？为什么辞职？"

"上一份工作是编辑，辞职是因为工资偏低。"

"你有什么特长？"

"擅长新媒体编辑。"

"对工资待遇有什么要求？"

"听公司安排，最好有发展空间。"

"我的问题问完了，你有问题要问我吗？如果没有的话，请回去等通知。"

面试者听到这话，打了个招呼就离开了。这时，人事经理终于忍不住问道："你平时就是这么面试的吗？"

小何说："对啊，经理，有什么问题吗？该问的问题我都问了。”

人事经理哭笑不得，无奈地说：“你的问题没有错，但我怎么感觉那么别扭呢，像是在审犯人，难怪你总是招不到人。你代表着公司的文化与形象，不带任何感情地提问，会让面试者感觉咱们公司不人性化，自然被吓跑了。”

小何听了不理解：“我按照不同的职位要求，问题精准到位，他们怎么会被吓到呢？”

经理回答道：“如果我是面试者，你这么提问，会让我很反感，感觉你一副高高在上的样子。实际上，你的问题方向没有错，只需要换一种问法。比如问他个人情况的时候，可以说：‘可以跟我们详细介绍一下你的个人情况吗？’问到工作经历，你可以问：‘你的上一家公司看起来还不错，你在里面主要负责什么工作，可以分享一下吗？’如此种种，态度很关键，问题的问法更重要。”

小何听了经理举的两个例子，细细琢磨其中的差别，再次面试的时候，她注意营造彼此尊重与倾听的氛围，不久便招到了合适的人选。

如此看来，提问不该是冷冰冰的，也没有必要省略该有的寒暄与铺垫。能体现尊重感的提问，大家才会愿意参与其中，并积极回应。

有些学生非常害怕老师，因为老师的提问有点咄咄逼人；有些孩子不愿与父母交流，是因为他们讨厌父母摆着架子地提问，这让他们感受不到温暖与理解，自然不屑沟通；有些员工看见领导会绕着走，因为领导提问的时候总是态度强硬，根本不在乎员工的感受。

尊重是相互的，你尊重别人，别人自然会真诚地给予回应。能不能得到自己想要的答案，主动权就掌握在提问者手里。

面对不同的人，要用不同的问法

人是复杂的高级动物，不同的群体有不同的特点，即便是同样的问题，面对不同的人，也要采用不同的问法。

比如问年龄，问小孩就很简单："小朋友，今年几岁了？"询问老人的年龄，就要这么提问："老人家，您今年高寿啊？"

如果颠倒了对孩子与老人的不同提问方式，就会上演一场笑话。

至于女士的年龄，一般是不可以提问的。

同样都是询问对方的年龄，却要因群体特征而采用不一样的问法。从这个简单的例子中不难看出，在不同的场合，面对不同的对象，提问也要有所不同。

一个普通的家族聚会，大家都是亲人，自然不会有太多的顾忌，所以总会有七大姑八大姨询问晚辈："有对象了吗？怎么还不找啊，都多大了！别再挑挑拣拣的，还没有打算？"这种问题虽然让当事人难以回答，也会产生情绪，但大家知道无非是亲人年龄大了，喜欢操心罢了，随便应付一下就可以了。

但如果是想了解公司同事的感情情况，很有可能会因此产生嫌隙，因为这属于个人隐私。如果真的想问，也要换个方式，比如说："你现在是单身贵族吗？不会吧，你这么优秀，肯定有很多人追吧？其实自己一个人也挺好的，自由没人约束。缘分还没到呢，完全不用着急。"这种掺杂着赞美的提问，会直接提升对方的优越感，对方也会因此愿意回答你的问题。

人们见面除了喜欢问"吃了吗"，还比较关心别人的个人情况，包括住什么样的小区，开什么样的车子，一个月多少工资……但是，面对同一个家庭的男女成员，即便是问相同的问题，提问方式也是不一样的。

男人之间的谈话不拘小节，对他们提问不需要顾虑太多、绕来绕去，否则他们会不耐烦。"哥们儿，你这车多少钱，看起来挺不错的？""还好吧，刚买的，砍完价十五万，家庭用车，性能一般，空间比较大。"男人会认为，对方只是想打听新车的价格，没有别的想法。

而向女方提问，则要考虑她们敏感的心理，否则会让她们产生警惕。"我早晨看你老公开了一辆新车，是新买的吗？这款车很漂亮啊，我看了好久没舍得下手，你们家买这车花了多少钱？从哪里买的？能不能给我介绍一下？"这样的提问有个最大的好处，就是能给对方带来被羡慕的感觉。这种掺杂了多方信息的提问，能让对方在感觉良好的同时放松警惕，直接告诉你答案。

试想，把这两种对话的当事人心理换一下，肯定两方都会觉得不舒服。一个觉得自己被直白地打听很不礼貌，另一个则认为七绕八拐式的提问特别虚伪。

提问是门艺术，讲究技巧，考验人的情商。

不问女性的年龄，不问男性的工资，这已经成为我们的共识。

一个家境富有的人，不怕别人拿他过去的经历开玩笑，因为他不会因此觉得心酸或者自卑；相反，一个家境贫寒的人，最怕别人提起他的过去，这会让他觉得自己的隐私被暴露出来。

打人不打脸，骂人不揭短。不同的经历与世界观，使得人们看待事物的角度截然不同。比如小丽高中毕业就出去工作了，尽管后来做到了销售经理的位置，但她仍然对自己的学历耿耿于怀，如果问及她的求学经历，就要注意语气与措辞，以免触碰她的底线。

生活中的人形形色色，每个人的心理、脾气、经历、习惯都不相同，所以交流和提问也因人而异。要想成为一个受欢迎的人，我们必须学会分辨不同的群体，采用不同的问法。

提问没有回应，学会解围才能继续

提问比陈述要难得多，这一点毋庸置疑。很多人害怕演讲，因为演讲要求表达能力，要求情绪到位，还要求演讲者要能调动观众的情绪，要有互动。但是如果你在演讲中向观众提出一个问题，底下却没有回应，场面会变得特别尴尬。所以，完整流利地背下演讲稿固然重要，但是学会给自己解围，也是沟通交流的必备技能。

小孙喜欢演讲，于是主动参加了公司组织的演讲培训班。课堂上，外聘的讲师向大家介绍了一系列的演讲技巧，大家听得非常认真。小孙心里暗自赞叹，果然还是专业人士有方法，讲的内容很有实用价值。

讲到提问这一要点时，讲师开始向大家提问："谁能告诉我，提问没人回应的时候应该怎么办？”大家听了，开始苦苦思索，会议室里安静得可怕，大概都担心会被讲师点名回答问题。讲师看了看大家，说道：“刚才可能我的声音太小了，大家没听清楚。那么，我现在再问一遍刚才的问题：如果对话出现冷场，你的提问没人回应，我们有没有办法解决？请大家告诉我，有还是没有？”

听到讲师的最后一句话，大家果断地大声喊道：“有！”讲师笑了起来：“刚才就是一个特别常见的例子。我向大家提问，但问题有难度不好回答，大家都怕答错，就没人敢回应。但是我不能让场面继续这么尴尬下去，所以就把责任全部揽过来，然后换了个方式问大家。此时大家会因为刚才的冷场而感觉内疚，有了前面的铺垫，这次回答自然是整齐而又大声。不用我多说，大家就会感觉到现在的气氛比刚才缓和了许多。”

这让小孙获益匪浅，因为他在日常交流中就经常遭遇尴尬、冷场，比如有时他跟同事谈论自己发现的趣事，但是对方明显心不在焉，“你说我做得对不对？”如此简单的问题，当对方一脸茫然，不予回答时，场面真是要多尴尬有多尴尬。小孙每每不知道该怎么解围，只能跟对方大眼瞪小眼，干笑两声了事。

这次听了老师的讲解，小孙终于知道自己应该在冷场时，或者转移话题，或者重复观点。不管用什么办法，都要给自己和对方一个可以下的台阶，才能使交谈继续下去。

不难看出，即使不是演讲，冷场也是很让人害怕的一种突发状况。问题提出来却没有人回应，尴尬的是问答双方。但遇到这种情况，躲避是没有用的，还是要想办法化解尴尬。

有个老师上课时问学生：“书本里的主人翁，是不是理想特别远大？我们的理想跟他比起来，是不是太渺小了呢？”一年级的学生听到这个问题，面面相觑，鸦雀无声，而后排还坐着旁听的领导。这个老师的问题对于学生来说难度太大，难以作答。如果直接转入下一个环节，问题不了了之，也体现不出老师的应变能力。

见学生没有反应，老师自己拿起粉笔，在黑板上写下“理想”二字，然后说：“我知道你们不说的原因，因为那是你们的小秘密，不管这个理想是大还是小，老师都想告诉你们，这是你们的梦想，为了梦想加油，要从此刻开始，好好学习，认真听讲，你们觉得对吗？”

“对！”学生们清晰响亮的声音回荡在教室里，气氛又活跃了起来。这时，老师再自然地转入下一个环节，就没有这么生硬了。

由上可知，解围这种话术技巧在各种场合都用得到。这就需要我们平时多积累一些救场话题或小技巧，以备不时之需。

如果对方表示质疑，还想继续了解，可以这样说："刚才我说得不够明确，具体来说，这个问题应该分为几方面……"

如果对方不断地看时间，表明他对话题不感兴趣，急于结束这场谈话，故意不接我们的问题，这时也不用感到尴尬，可以给对方一点心理压力，比如直视他的眼睛，直到他给出回应。

或者话锋一转，把问题引向自己："这个问题呢，我也问过我自己，我的想法是这样的……"这样给大家思考时间，不用对方回应，但下一次还是要他参与配合。

不管怎样，都要保持话题的趣味性与参与性。向大众提问，切记把问题简单化；向个人提问，要给对方充足的考虑时间。只有这样，我们才能把握好解围的时间与尺度，保证沟通顺畅。

第五章

当沟通加入提问，你便是社交达人

☑ 一个好的提问，能快速建立信赖关系

☑ 沟通受阻时，来一个转换角度的提问

☑ 你的问题，最好基于对方的兴趣

☑ 交流中，有意营造便于提问的环境

☑ 提问有分寸，建立好人缘

一个好的提问，能快速建立信赖关系

人与人之间从陌生到建立友情，最基本的条件就是彼此信任，信赖关系建立得越快，沟通也就越顺畅。

心理学研究表明，人与人交流时，有两种对话方式最容易得到信赖：一是相似性，二是赞美。

相似性指他人能从你的言谈中找到共鸣，产生共情，对你的信赖自然就会多一分。当然，表现相似性的话要经过调查、了解后才能说，问题抛出去后一定要注意对方的反馈。如果对方感兴趣，就可以继续说下去；如果对方并无反馈或者出现反感的表现，就要马上停止，换一个话题。

在你自认为已经找到与对方的相似性，开始主动提问时，一定要观察对方的反应。比如，经过之前的了解，我们知道对方喜欢看电视剧，可以借此提问："我最近在看一部电视剧，感觉挺不错，特别是男主角，怎么看都觉得帅，你觉得呢？”先表述自己的观点，然后观察对方的神态、表情、动作等，如果对方眼神有光，嘴唇有幅度不大的微张，动作有暂时的停止……这些都是引起对方兴趣的表现，这时便可以继续进行这个话题。如果对方表情淡漠，身体后仰，眉心稍凝……这些都是不感兴趣或反感的表现，我们必须再寻相似点，换一个话题。

另一个重要且比较容易的交流方式是赞美。中国有句古话：伸手不打笑脸人。也就是说，哪怕对方再没有兴趣与你交流，你的一句赞美之词也能打破尴尬，引起对方的兴趣，建立信赖关系。

比起相似性，赞美要简单一些，不必做大量的前期调查，但也容易出问题，赞美不当或者不合时宜，反而会起反作用。

小耿刚刚入职，实习期还没过就动起了小心思，觉得自己表达能力很好，语言天赋也高，希望动用自己的三寸不烂之舌让经理喜欢上自己，给自己加薪提职的机会。

他打定主意后，便常常在电梯口等经理，见到经理后总要夸赞几句：“经理，您今天的西装真帅！”“经理，您今天的气色真好，有什么保养秘诀吗？”“经理，我们都羡慕您的才华，您能给我们传授一二吗？”起初经理会礼貌地微笑，或者跟他聊上一两句，但久而久之，经理觉得他这个人很虚假，喜欢阿谀奉承，不是可用之人。

有一天，总公司领导来视察工作，小耿作为实习生，本来没有发言的机会，可是他竟然趁领导在休息室等待的时候过去倒茶。没想到因为这次倒茶，他不但没有得到领导重用，反而丢掉了工作。

当时经理接待总公司领导之后，便回办公室继续工作了。领导与随行的一个秘书留在接待室看资料，这时小耿进来了，满脸堆笑地说："领导好，我是实习生小耿，仰慕您已经很久了，听说您到我们公司来了，特意过来。"

领导皱了一下眉头，说："你仰慕我？因为仰慕我就丢下工作过来看我吗？"

"是呀，早就听说您工作能力特别强，我能向您学习吗？"小耿说。

领导看了他一眼，没有说话，继续看资料。小耿没有放弃，又接着说："您看您那专注的样子，是我们这些实习生学几年都做不到的呀。"

领导喝了一口茶，小耿说："您喝茶的姿势真有大家风范，像艺术家一样。"

……

在小耿自说自话一阵后，领导看了一眼秘书，拿着资料走出接待室。小耿正想跟过去，却被秘书拦住了，说："小耿是吧？您到人事那里去一趟吧。”

小耿以为领导看中了自己，要将自己调走或者转正，没想到秘书继续说：“我提醒你一下，将来去了新公司，不要这样奉承领导，这对你没好处。”

“我没有呀，只是想表达下赞美之情，让领导信任我。”

“是吗？赞美之前最好备下课，我们这位领导是总裁的儿子，刚刚留学回国，你何来的仰慕已久？领导审核资料时，你在边上喋喋不休，没有身为一个职员该有的素质。最重要的是，你在工作时间背着你们经理来奉承领导，这是职场大忌。”秘书拍了拍小耿的肩膀，也离开了。

小耿愣在那里，久久没缓过神来，他不明白自己挖空心思的赞美为何还起了反效果。

从这个案例我们可以知道，想要建立人与人之间的信赖，不是靠毫无原则和根据的赞美，而是要有所准备，发自内心地表达，否则会让人觉得你不真诚，这样又怎么可能得到别人的认可呢？

什么是有准备的赞美呢？下面看一下这位金牌销售是怎么做的。

小张是某公司的金牌销售人员，他总是能很快与客户建立关系，得到信任。有一天，一位客户来到公司，想要咨询业务，小张迅速打量了下客户，在客户的背包上发现了某羽毛球俱乐部的标志，再看一下客户的手，中指根部和虎口处有些老茧，很明显是常拿球拍留下的印记。

于是，小张在回答客户几个简单的问题之后，问道："我们公司最近在做一项调研，如果公司赞助某项运动的话，您喜欢什么运动？我个人比较喜欢羽毛球。"

"我也觉得羽毛球比较合适，大部分人都会打，而且我是某羽毛球俱乐部的会员，如果有需要，可以与我联系。"

"是吗？我要打球可以吗？"小张表现出很感兴趣的样子。

"当然可以！您看，我们市的羽毛球运动发展得不是很好吗……"

就这样，小张迅速与客户拉近关系，建立了彼此间的最初信赖。

其实，很多时候，人与人之间建立良好的关系，只需要一个简单、有兴趣的提问，当对方感觉到你与他是同类之后，便会放下戒心，迅速对你产生好感。

当然，这种好感需要后期的用心经营来维持，而且在最初建立时一定要做好充分的准备，"投其所好"。也就是说，你不能跟一个爱钓鱼的人聊篮球，也不能跟一个爱打球的人谈象棋，更不能跟一个爱下棋的人谈网游，要依据别人的兴趣爱好来提问，而不是以自我为中心来展开话题。

沟通受阻时，来一个转换角度的提问

生活中，沟通不畅、受阻是很正常的事情，这个时候，应该尽快换一个角度，用一个问题来终止争执，就像你明明已经看到了前面的死胡同，就要趁着还未走过去先转个弯、变个道，避免真正走进死胡同撞墙。

小李因为出差没来得及参加闺蜜的婚礼，回国后她第一时间就到闺蜜家拜访。

闺蜜一见面就兴奋地拿出婚纱照，说："看看我的婚纱照拍得怎么样，结婚那天你没来好遗憾，让你看看我有多美吧。"

小李高高兴兴地接过婚纱照，闺蜜则在一旁激动地讲解着。突然，她话锋一转，说："你可不知道，我这婚纱照拍得，你看着美吧，实际上我都快被气死了。”

小李注意到，在闺蜜转换话题后，闺蜜的老公就沉下了脸。小李想：总不能因为自己来拜访，又让人家想起伤心事，而且谁拍婚纱照不是有这样那样的问题呢。闺蜜之间聊聊也就算了，今天人家老公在呢，多尴尬！

她见闺蜜没有要停下来的样子，连忙说：“你们这婚纱照拍得真漂亮，简直就是金童玉女，天造地设的一对呀！”

闺蜜笑了笑，继续讲拍摄时遇到的困难，甚至说自己老公没脾气，怕人家，所以只能自己受气。小李知道再说下去，两人必定要吵一架，于是站起身说：“我这还是第一次到你们家，新房布置得真漂亮，带我参观一下呗！”

闺蜜听了，放下婚纱照，兴高采烈地充当了新房导览员。

两人在屋子里转了一圈，回来时闺蜜早已忘了婚纱照的事。

这就是一个简单的问题，发挥了不简单的力量。当一件事情引起了别人的情绪变化时，不妨“话锋一转”，将别人带出来，以免对方在某种情绪中继续纠缠。

有的时候，如果我们要指出别人的缺点，也可以用“转换话题”的方法，既可以避免尴尬，又能使对方明白自身的不足。

小苏是一家房地产公司的总经理，他有一位非常漂亮的女秘书，是他的大学导师介绍来的。

这位女秘书与小苏是同一所大学毕业的，但工作总是出错。小苏碍于导师的面子，不方便批评，更不好辞退。

无奈之下，小苏打算从侧面指出秘书的问题，一来女秘书知道问题后如果能主动请辞，便不会驳导师的面子；二来如果有效果，女秘书有所转变，工作没有了问题，他也愿意留下她。

经过再三考虑，小苏想出了一个办法。这天，女秘书像往常一样走进小苏的办公室，给他端来冲好的咖啡，然后抱来一堆资料让小苏审批。

小苏看了看女秘书，夸赞道："你今天穿的这身衣服真漂亮，选得很好，很有气质。"

女秘书第一次听到小苏夸奖自己，觉得很高兴。这时，小苏话锋一转，说："但是对待工作，你能不能细心点？能像你挑衣服一样，不出差错没有瑕疵就好了。"

女秘书接受了小苏的建议，在后来的工作中变得更加认真。半年过去，女秘书已经适应了公司的节奏，很少出现工作失误了。

同样的，如果我们说孩子一直在看动画片，不学习，他一定会产生反感。通过一个简单的问句，改变说话方式，便可以避免沟通受阻。显而易见，孩子更容易接受这种方式。

所以，当谈话进行不下去时，利用转换话题的提问是个很好的办法，但一定要记住谈话的目的，这样才能避免出现“捡了芝麻丢西瓜”的情况。

你的问题，最好基于对方的兴趣

心理学家认为，在对方有兴趣的基础上制造共鸣，是最好的沟通方法。也就是说，对方感兴趣的事物能从你的嘴里说出来，让对方感觉你与他产生了共鸣，这便是最有效的沟通方式，也能更快地建立联系。

找出对方的兴趣点并不难，只要提问者善于倾听，用心观察，总会发现对方感兴趣的人、物或事，以此作为开场语，必然能引起对方的注意，达到主动沟通的目的。

小张到南方出差，恰遇大雪，航班取消了。她一个人回到酒店，坐在酒店的大堂里，感觉很无助，家里父母、孩子都在等她，公司还有一大堆账目等着她处理。最近公司面临周转问题，都盼着她能早日回去和滨海公司签合同……然而，她现在只能坐在这里，只能等。

了解到小张回程受阻，南方公司便派了一个小伙子过来打算继续与小张谈判。他们想收购小张的公司，但是小张不同意，之前的洽谈未果。于是，他们改变策略，打算入股小张的公司。

这位帅气的小伙子走过来，很直接地对小张说："张总，我是南方公司的，看您挺无聊的，我陪您聊聊天吧？"

小张知道对方的目的，所以并没有说话。

小伙子继续说："南方很少下雪，我们第一次见这么大的雪，真美呀……张总，我们先把合同放在一边，出去来个雪中散步，怎么样？"

小张皱了一下眉头，心里本来就讨厌这场雪，美什么美，她摇摇头说："我不想与你说话，请自便。"

小伙子还不甘心，继续说："张总，我们公司真的特别愿意投资你们的公司，要不……我们去唱歌吧，顺便谈谈合作的事，放松一下。"

小张提起行李箱，说："你哪只眼睛看见我想与你们合作？回去告诉你们经理，我不想与你们公司合作。"

"脾气还挺冲！公司都快搞不下去了，还这么牛！"小伙子自言自语地说。

小张没有在意他说什么，提着行李来到酒店餐厅，决定先吃饭，反正现在回不去，干脆多考察几家公司，万一有能合作的，就不用把“鸡蛋”都放在一个篮子里了。

小张刚坐下一会儿，一个仪表堂堂的中年男子走过来，问道：“您好，那边没有位置了，我可以坐您对面吗？当然，如果您觉得别扭，我可以等会儿再来。”

“可以，坐吧！现在都下午了，等会儿就该吃晚饭了。”小张面无表情地说。

男子看了下小张的行李箱，又问：“您也出差？”

小张听到这句话，抬头看了下对面的男子，这男子也提了个行李箱。她点点头说：“嗯，您也出差吗？”

“是呀，我是一个投资人，想来南方找个合适的项目，这不给困在这里了？”男子看上去很坦诚。

小张笑了笑说：“果然是同道中人，我也是来南方考察的，这雪下得不是时候呀。”

“你考察什么项目？”男子问道。

“你需要项目，我是有项目需要资金。”小张回答说。

“哦？我能看下您的项目吗？”男子擦了下手，准备接资料。

小张又看了下男子，说：“有好项目您就投资吗？我能看下您的资质吗？”

“当然可以。”男子把身份证和工作证件递给小张。

见对方公司资质完备，男子也礼貌诚恳，小张便和他聊了起来。

经过近两个小时的相互了解和沟通，双方都感觉比较满意，不但达成了初步意向，还起草了一份合同草稿，约定等航班恢复了，回公司就签合同。

这个故事看似“有心栽花花不开，无心插柳柳成荫”，但仔细想想便会发现，南方公司的小伙子在没有任何准备的情况下就与小张交谈，结果不仅句句令小张提不起兴趣，甚至激化了矛盾，自然谈不成合作；后一个男子仅用一句“您也出差”，就让一个出差回不去的人倍感亲切，之后男子也一直谈论对方感兴趣的事情，合作自然能够达成。

这也说明，以对方之兴趣引发共鸣，用一句简单的提问就把对方吸引住，是社会交往中必不可缺的沟通技能。

交流中，有意营造便于提问的环境

沟通一般是在特定的环境中进行，不同的环境会产生不同的结果。比如，有个孩子想要吃糖，如果他在一种高高兴兴的氛围中问道："妈妈，我可以吃糖吗？"妈妈可能会说："可以，但吃完要刷牙。"如果他写着作业，一堆错题，突然说："妈妈，我可以吃糖吗？"妈妈可能就会说："不许吃，写完作业再吃。"

从这个简单的例子可知，同样的提问，在不同的环境就会得到不同的答案。所以，我们在沟通时一定要选择好提问的环境，只有在合适的氛围中提出合适的问题，才会得到满意的答案。

梅梅与客户约好在一家茶馆见面。茶馆虽地处偏僻的郊区，但凉亭雅舍，清幽怡人，很适合朋友小聚聊天。

梅梅知道客户爱茶，选来选去才找到这里。起初两人谈得非常好，眼看就要与客户达成共识，一声尖叫突然打破了融洽的气氛。

梅梅顺着尖叫声看去，只见一个女子正横眉立目地对着茶馆主人发火。

原来，这个女子正在喝茶，茶馆主人小心地续茶后，女子没有注意，端起来就喝，一下给烫到了。

“你得赔我医药费。”女子喊道。

“我已经给您说了，我续茶了，您还点头了呢。”茶馆主人说。

女子摇摇头：“我没听到，如果听到了，我还会喝吗？”

茶馆主人看着四下受惊的客人，说：“你看环境这么雅致，您还是别喊了，我们有摄像头，可以查一下。”

女子听到这儿，更是不依不饶。

他们的争吵影响到了梅梅与客户的洽谈，本来好不容易找到的清雅环境被破坏了。客户皱着眉说：“我被吵得头疼，要不咱们找时间再约吧。”

就这样，梅梅没有签下客户，还生了一肚子气。

在这个案例中，梅梅虽然无法控制环境，却已在极力营造环境，这种意识是正确的，但总会有情况出乎意料，不在我们掌控的范围内。很多时候，提问需要先做环境预设，首先我们要明白自己要提的问题是什么，希望得到什么样的回答，然后再用以下方法去改变环境，烘托氛围。

第一，用自己来营造。在与人对话时，我们要注意自己的衣着、动作、神态等，让对方感觉到自己的真诚。比如，提问时目光不能涣散，否则会给人心神不定的感觉；回答别人问题时，要注视对方的眼睛，表示真诚及信任；当提出引起对方注意的问题时，可以适当加上手势、动作等。

与人沟通时，最大的忌讳就是不在意对方。所以，我们一定要让对方感觉到他在我们心里十分重要，也可以适当地赞美对方，让对方有轻松、愉悦的感受，营造更好的沟通氛围。

第二，用委婉的语言来营造好的沟通氛围。如果语言使用不当，或者语气不妥，氛围自然会跟着改变。

举一个简单的例子：职场中的人事经理有时会与职员谈心，针对近期存在的问题提出指导和建议，同时指出一些不合理的行为。

一位人事经理找刚进公司的年轻实习生，打算谈一谈他最近总是迟到的问题。实习生进入人事经理的办公室后，一脸满不在乎的表情，让人事经理很是恼火。

“你怎么总是迟到呢？起不来吗？”

“好吧，以后我改，早睡早起。”

人事经理看了一眼吊儿郎当的实习生，问：“你能起来吗？我咋就那么不信呢？”

“哈！不信拉倒，不就迟到两三次吗？我又不是没有完成工作……”

“难道你不懂公司条例吗？回去抄十遍吧。”人事经理摆摆手。

实习生冷笑一声，说：“你以为罚小孩子呢？老子还不干了呢！”说完，他头也不回地走了。

暂且不评论这位实习生有什么问题，只看人事经理，本来这次谈话只是谈心与规劝，结果却让他变成了劝退。我们来分析下人事经理的话，一开始便质疑实习生——“你能起来吗？”一个人被质疑后，心情自然好不了，因为质疑就是不相信，就会觉得很冤枉，有的人可能会加重语气，变成争吵；有的人则默不作声，既然不相信，那索性什么也不做了。

同时，不恰当的反问也是与人沟通的大忌，它会给人一种“质问”的感觉。人都有逆反心理，被质问时，潜意识里总会升起那么一点反抗，如果控制不住，就会造成沟通不顺畅。

最后，与人沟通时也不要总逼着对方回答。营造良好的沟通环境，才能让交流顺畅。

提问有分寸，建立好人缘

古人有言："与人善言，暖于布帛；伤人之言，深于矛戟。"这句话的意思是，对人说好话，会使人感觉比穿了棉衣还温暖；对人说不好的话，比用长矛伤害别人还要厉害。生活中，我们常常会有这样的感慨：这个人真会说话，听着让人如沐春风；那个人说话怎么那么难听，听了让人痛苦难受，甚至记恨多年。

一个人如果经常一张口就提一些让人不适甚至会带来伤害的问题，让人无法作答。久而久之，大家都不愿意与他说话，甚至在生活和工作中都避而远之。

芳芳受同事小菲之邀去她的新家暖房。虽然两人认识时间不长，但考虑到日后还要长期共事，芳芳精心挑选了一大束百合花作为礼物。她和其他几位同事一起来到小菲家，一进门，大家都相互寒暄，这时有位男士说了句："这谁啊？这么一大束花得花多少钱啊？"说话的不是别人，正是小菲的丈夫。这话一出口，几位同事都觉得有些尴尬，幸好有人幽默地打了个圆场，才避免了冷场。

后来，小菲在餐厅和客厅忙前忙后，由她的丈夫代为招待同事和朋友。大家能看出来，她先生是个挺热心的人，但不知道为什么，他说的话总是让人感到不舒服。

比如，他时不时地跑去厨房关心一下忙碌的妻子，可是话一出口，怎么听都觉得别扭："你怎么不能把汤炖上呢，时间不够，会影响口味的。"

同来的一位女同事已经三十七岁了，还是单身。他竟然口无遮拦地问人家："你究竟为什么不结婚啊？是不是眼光太高了？"搞得那位女同事当场黑脸，大家也是非常尴尬。

没过一会儿，他三岁的儿子跑来让他帮着装一下拼装积木，他一边弄一边嘲弄孩子："看看这多简单？你怎么连这点小事也干不了？！"

这次拜访后，大家对小菲丈夫的印象差到了极点，几乎每个人都在心里默默念叨：以后再也不要跟他打交道了……

生活中，很多人缘差的人就像小菲的丈夫一样，败在了不会提问上。很多时候，他们一出声，瞬间就能扫了所有人的兴致。可想而知，这样的人不管在哪里，人缘都好不到哪儿去。

而有一些人，无论是什么问题，从他们嘴里说出来，永远都让人觉得很舒服，很乐意跟他们继续聊下去，甚至掏心掏肺，说出自己的心里话。

有一位社工，她所在的社区养老院有一位老人，快七十岁了，老伴去世之后，因为儿子身体不好，就把她送到了养老院。刚来的时候，她心里抵触情绪很大，不愿意跟任何人讲话。社工照顾了老人好几天，老人仍然一句话都不肯跟她说。

这样下去肯定不行，老人的心理问题必须得到疏导。得知养老院的这个难题之后，社区一位出了名的“好人缘”大姐临危受命，担起了照顾老人的“大任”。没想到才半天时间，几天不说话的老人竟然打开了话匣子，越说越激动，越说越兴奋，与几天前沉默的样子判若两人。

这位大姐跟老人聊了很久才回到办公室。大家都很惊讶，纷纷询问大姐：“你跟老人说什么了？她怎么说那么多话？”

大姐说：“我其实什么也没说，就是不停地问她：‘你是怎么做到的？你这个想法是怎么来的？当时你是怎么考虑的？’”

结果，老人说了很多关于她老伴的事情，还谈到她跟小孙女的关系如何好，跟子女的关系怎么样，甚至谈到了原先工作上的一些事情。然后，大姐才把话题引到老人应该如何把晚年过得更有意义上，让老人敞开心扉，说出了内心的看法。

很显然，这位“好人缘”大姐是以一种好奇的、谦卑的、充满兴趣的态度，引导当事人分享她的生命故事，从而引发了老人积极、正向的心理。在回答问题的过程中，老人领悟到要把自己照顾好，并思考应该怎样照顾自己，怎样过好生活，怎样积极自在、充满信心地走好未来的路。

生活中，人们因从事的职业、专长不同，所拥有的信息类型和兴奋点也不一样。如果从对方一窍不通或一知半解的知识点来引出话题，就会让人味同嚼蜡或者无言以对。如果能抓住对方的职业或专长特点去提问，就比较容易引发对方心灵的“共振”，进而产生共鸣。

除此之外，还要学会有意识地捕捉说话对象的性格特点。如果对方性格直爽，便可单刀直入；如果对方性格敏感细腻，则要“润物细无声”。

在交流这件事情上，我们必须明白：覆水难收，玉碎怎能无痕？与人沟通时要用心去设计，什么问题可以问，什么问题要委婉地问，什么问题绝对不能问，都要在心里有个标准。说话有分寸，提问有策略，是一个人有修养、有智慧的体现。这样的人，既愉悦了别人，也快乐了自己，无论走到哪里都会拥有好人缘。

第六章

你想要的答案，问来全不费功夫

☑ 问题提得好，才能得到好答案

☑ 假设性提问：他是不是有意隐瞒了什么

☑ 关键词提问：深挖对方内心的真实需求

☑ 试探性提问：一环扣一环地追根溯源

☑ 开放式提问：轻松获取负面信息

问题提得好，才能得到好答案

无论是职场社交、公务谈判还是恋爱交友，我们获取对方信息的方法就是提问。在这个环节中，要想达到自己的预期，得到自己想要的答案，就要对每一个问题进行预判，组织合理语言后有的放矢，才能达到最好的效果。

记得有一段关于足球运动员的经典采访，记者问："请问，你进得最好的球是哪一个？"

足球运动员回答："下一个。"

这一问一答几乎成为经典，很多人都喜欢引用：演员被问及最满意的影视作品时，会说"下一部"；老师被问及最优秀的学生时，会说"下一位"；文学家被问及最满意的著作时，会说"下一本”……

其实，记者问这个问题，目的无非是想让足球运动员对之前的进球进行分析，但他的问题由于没有明确的方向，反到给了足球运动员回避问题的空间。这样的提问，其实毫无用处。

那么，什么样的问题才算是好问题呢？首先，好的问题要问到点子上；其次，好的问题一定要让回答者直面问题，不能回避或者转移话题；最后，好的问题还要让对方易接受、乐回答。

很多人提问常常会犯不看对象、不分析情形，只一味抛出问题的错误。在众多职业中，最充分运用提问艺术的除了记者，就是推销人员。一名优秀的推销员，对于问题的把握一定要精准。下面我们来看一位推销员的故事。

某网络公司的李经理和推销员小赵在商场做活动，他们背后是大型网络游戏的广告背板，旁边还有两台电脑。小赵拿着传单，心里十分紧张。

这时，一对带着孩子的小夫妻走了过来，孩子妈妈给孩子在游戏背板旁拍照，小赵赶紧走向孩子爸爸，说：“先生，您要不要试玩一下？我们公司新推出不少游戏软件，其中很多游戏非常经典和好玩。”

孩子爸爸略显尴尬，皱着眉头说：“我都这么大了，玩什么游戏啊？”

小赵碰了一鼻子灰，心里更加紧张了。

这时，李经理笑着走过来，说："先生，您家孩子真可爱，现在上幼儿园了吗？"

这时，孩子妈妈已经拍完照片，笑着回答："上了，刚刚上。"

"是吗？个子长得真高，一看就很聪明。孩子平时对手机、电脑感兴趣吗？"李经理问。

"还可以吧，偶尔玩一下。"孩子妈妈说。

"幼儿园阶段，孩子刚刚接受教育，正处在智力开发的阶段。我们最近推出的这款游戏软件很适合这个阶段的孩子，您是否愿意了解下呢？"

孩子妈妈说："不用了，我不想让他长时间玩电脑、手机，已经给他买了不少能开发智力的玩具，不需要用游戏来提升吧？"

李经理打开电脑，笑着说："您看下，这款游戏是我们专门为小孩设计的，有拼音、识字、数学、英语等多科知识，而且孩子是通过闯关来学习的，不但可以锻炼孩子的认知能力，最重要的是，闯关游戏对孩子来说，可以增强自信心和成就感。"

这时，孩子的注意力已经被吸引过来了。李经理继续说："您要不先了解下内容，让孩子试玩下？"

小夫妻点点头，陪孩子在电脑前玩了起来。之后，他们为孩子购买了这款游戏。

我们来思考下，小赵失败的原因是什么？他并未仔细观察客户，目标不明确，就一味着急地抛出问题，对方当然不会给出满意的答案。李经理则不同，他观察了客户的现状——夫妻二人，且带着孩子，那么这对客户的突破点一定在孩子那里；然后他又对孩子进行观察，最后才提出问题，一击即中。他提出的问题都是有预判性的，"试玩一下""了解一下"等，对客户的诱惑力是存在的，因此他才得到了想要的答案。

由此可见，设计问题的重点在于对问题做出预判。这样就能做到心中有数，让问题跟随你的思路往下进行，不会处于被动状态。

简而言之，对问题做出预判就是给问题穿上一根线，让答案跟随自己的思路向下进行，在层层递进中得到自己想要的答案。

假设性提问：他是不是有意隐瞒了什么

与人沟通时，最常出现的问题是无法判断对方的真实想法。你越是想用提问的方式去了解，越感到无解。例如，职场中你常常会听到一些套路化的问题：市场在萎缩，竞争太激烈，部门支持欠缺……这种人从来不会让自己牵涉其中，让人听后的感觉就是所有问题都因大环境而变化，而非一己之力所能改变。

这便是沟通中的避险。避险的原因是对方深知你的问题会对自己不利，于是想办法避重就轻，让你无话可说。作为问题中的甲方，你一定不会喜欢这样的答案，因为总感觉对方在有意隐藏些什么，抑或这些答案是不是已经“加工”过了，将信息筛选后再反馈给你，这是很糟糕的。

最近，公司为了投标的事情忙得不可开交，部门主管向经理汇报进展时说：“经理，我想我们投标的事情要黄了，我们应该降低标底。”

看到部门主管的神情，经理镇定地问道：“为什么？”

主管显得很着急地说：“听说这次有很多家公司参加了投标，足以和我们匹敌的甲公司也参加了。我接到一位知情人士的电话，他说我们应该降低标底，哪怕提交新的方案都来不及了。”

“为什么我没有听到甲公司的消息？”

“我是通过他们内部知道的。”主管显得很有信心。

“降低标底其实也没有问题，只是你有没有分析过我们的风险？你觉得降标后我们的利润还有多少？如果我们不降标，成功率是多少？”

主管沉默了一会儿，说：“我再打听一下吧。”

主管的行为看似为公司利益着想，鼓动经理降标却无法解释原因，其中一定隐瞒了某些重要因素，那么，怎么知道这些隐瞒因素呢？警察审问犯人时，往往犯人越是重点强调的事情或者细节，越值得怀疑，警方便会根据这些事情或细节进行提问，查清案情。这种提问方式便是假设性提问。

假设性提问，就是在已知对方有疑点的情况下，根据疑点来设计问题。这种提问方式针对性很强，重点是如何发现对方的疑点。一般来说，人们会利用各种技巧包装自己的表情、动作、语言等，但包装的持久性及稳定性难以自我把控，我们便可利用这一点来了解对方想要隐藏的东西，从而在交谈中占据主动。方法也很简单，我们只需要记住“边听边察，再想，最后问”的原则。

边听边察，指将对方的话听完、听仔细，同时在听的过程中观察。通过对方的动作、表情及语气等判断其动机和意图。比如，当他们说“是”的时候，却在点头前有轻微摇头的动作，这表明他可能在否定；当他阐述一件事情的时候，会下意识地摸耳朵，或者眼神回避，这表明他在撒谎；他在提议时语气过度自信，伴随着夸张的肢体动作，这表明他可能根本没有底气……

当然，我们不可能为了对话成为心理专家，但完全可以通过交谈、聆听来初步判断对方的动机。比如交谈开始时，我们可以提出一些日常问题：“您今天是如何来的”“行程累不累”等。这些问题不会让对方心理设防，他回答起来会坦诚、明确、真实。在这个过程中，对方的表情、动作、语气等都是可信的。而涉及正式话题时，他的回答方式、表情动作等一定会有相应的变化，哪怕他刻意隐藏，也会出现疏漏。比如谈判时，当你提出一个标价，颤抖的嘴唇、闪烁的眼神等，都足以让你判断自己的标价提得是否成功。

当然，也有一些人善于控制自己，让人难以作出判断。这时你要做的就是思考。比如你去购物，在导购介绍商品的种种优点后，你的心理防线被一步步突破，产生了购买欲。但是，如果你能事先给要购买的物品设定一个配置框架，在导购介绍诸多商品优点之后，你一一去填框架内容。如果这个配置你觉得满意，便可以购买；如果不满意，便果断拒绝。这便是思考的结果。你一开始就给问题进行了初步假设，所以当条件达不到时，你心里便会主动说“不”。

但是，如果你对要购买的东西一无所知，自然也就无法设置框架，所以在思考的同时就要进行分析动机的最后一步——问。

“问什么”是提出假设性问题的关键步骤。比如，在导购天花乱坠地介绍、分析物品的优点之后，你可以变被动为主动，问道：“请给我比较下同类型物品的优缺点，可以吗？”或者：“它的缺点是什么呢？”这时，你便成了提问的主动方，可以通过对方的表情、动作及语言进行判断。

在一场营销演讲活动中，一位演讲者说：“在谈判和公关过程中，所有的困难都容易解决，最可怕的是我们觉得对方的言语、行为很平常，不思考、不总结，结果付出惨痛的代价。”

所以，只有在交流过程中学会思考、总结，有针对地应对，才能掌握主动权。

比如，在面试过程中，作为一位求职人员，你听到面试官问“你希望的薪水是多少”时，你会怎么应对？如果你给出一个具体的数字，高于公司预算，面试官会觉得你好高骛远；而低于公司预算，你的劳动又得不到相应的回报；如果不回答，面试官则会觉得你没有主见。

此时，你可以给自己做一个假设：如果你是面试官，你想听到什么答案，最恰当的方式就是反问："您可以告诉我我的薪水范围吗？"这样便拿到了主动权。

一位著名魔术师说："换一种方式思考问题。"提问也是一样，不要总是站在被动的位置上，要善于假设，才能占据主动地位。

了解谈话者是沟通成功的基础，用假设占据主动地位更是沟通成功的关键。假设性提问，是在对方提出的问题不利于你的沟通目的达成时最快的解决办法。它可以将沟通者拉到你的阵营，顺着你的思路展开对话。这样一来，你是最安全的，也是最有收获的。

关键词提问：深挖对方内心的真实需求

有些时候，你觉得自己明明沟通得很好，对方的神情却很心不在焉；或者你很兴奋地向对方提出问题，对方却听不懂你在说什么……这些都是因为你的沟通出了问题，你根本不了解对方内心的真实需求，又怎能创造一个融洽愉快的沟通环境呢？

就像婴儿刚刚降生只会哭，如果你分辨不出他的哭声哪种是因为饿，哪种是因为要换尿布，他就会继续哭下去。只有找到他哭的真正原因，才能有办法让他不哭。

这也说明，与人沟通，如果不知道对方所需，即使沟通能力再强，也无法达到自己的目的。

小荣是公司里的销售精英，有着极强的销售能力，已经做到大区销售总监的位置。公司的员工都说：“没有小荣拿不下的客户。”

小荣在公司可以说威风八面，但是他的家庭生活却不那么尽如人意，跟妻子、儿子总是三句话不到就会吵起来，这让他感到很无奈。他很爱自己的妻儿，但为什么总是沟通不畅呢？

小荣的妻子性格温和，但每次夫妻俩谈话总是不欢而散。有一次，小荣正在吃饭，妻子说：“今天你的侄子来了，我还是照例给了他两千元钱，但是……”妻子停顿了一下，继续说，“我知道年轻时你哥嫂帮过你，但是不能你的侄子每次来要钱，我们就那么给呀。”

小荣“啪”地放下筷子，说：“我们现在的生活好了，当初没结婚时，我哥嫂是怎么帮我的？给孩子点钱你就心疼了，这不是你们家人是吧？”

妻子被噎住了，没有继续往下说。其实，她是想让丈夫帮侄子找个工作，掌握一技之长，过稳定的生活。但小荣抢着把话说了，还误会了妻子的意思，这让她很伤心，年轻时她还会与丈夫争论一番，现在她连吵架的心思都没有了。

类似的例子举不胜举。有时妻子的一句玩笑话，也会被视为暗藏某种动机。在妻子看来，小荣总是把她放在“恶人”的位置，觉得她在算计自己。他们的婚姻岌岌可危，只是妻子一心顾念儿子，才忍痛维持着婚姻。之所以出现这种状况，就是因为小荣在家庭沟通中存在问题，不去了解妻子的真正想法，一味猜测，然后提出问题，简单粗暴。

如果不是那一次与儿子的对话，小荣的婚姻会怎么结束，估计他自己也不知道。

那天，儿子去参加比赛，晚上9点才回家，小荣不知道这件事，以为儿子放学出去玩而晚归，于是冲儿子大发雷霆。儿子被搞得莫名其妙，也闹起了脾气，两人争得面红耳赤。

突然，儿子停下争论，问：“爸爸，您能不能把我刚刚说的话重复一遍？”

“重复？你说我太强势，让你妈妈伤心，也让你伤心！”

“是吗？我是这样说的吗？”儿子反问了一句。

这一反问，让小荣内心一惊，忽然觉得儿子长大了，可是，刚刚儿子就是说自己有很大的问题。

“不对，爸爸，我不是这样说的。”

“那你说了什么？”小荣气呼呼地问道。

“你看，我们一直吵来吵去，您根本没有注意我说什么。我说，您很强大，工作能力让我佩服，但如果生活上强势，就会伤了家人的心。”儿子缓缓地说。

“这有什么区别？都是说你爸有问题呗！”小荣余怒未消。

“当然有区别，我作为您的儿子，因为您出色的工作能力而骄傲，但是您之所以会伤妈妈的心，是因为您根本不会与我们沟通。您把我们当成您的谈判对手，并非家人，您也没有认真听过我们的话，总在以自己的理解来强加于我们……”

儿子的话让小荣深感震惊。这天晚上，他和儿子聊了很久，没想到儿子对事情看得如此明白，而自己在处理家庭关系上真的存在很大问题。

意识到自己的问题后，小荣在家庭关系的处理上有了质的改变。妻子看到他的转变，心情也舒畅了，家里开始有了欢声笑语。

与人沟通是一种技巧，在沟通的过程中，了解对方真正的想法，抓住关键点，才可以做出正确的判断，提出准确有效的问题。此时，最直接的方法便是重复对方的话，通过对方的神情来判断自己的理解是否有误，以此了解对方的真正意图。

通过重复对方的话，可以抓住问题的关键点，然后用关键词提问，从而得到最准确的信息。比如，客户说：“我觉得这套房子的格局不是很好。”这就可以知道客户关心的是格局，然后对症下药：“您喜欢什么格局的房子，我帮您挑选下？”或者说：“您看这套房子的格局哪里有问题？我可以试着帮您找下格局相似且没有问题的房源。”这时客户的体验是舒服的，因为双方有了良好的沟通。但是，如果你说：“这房子还不行？这是我们这儿最好的房源了。”或者说：“这小区的环境很好，房子的通透性也不错。”客户会产生一种答非所问的感觉，从而中断沟通。

当然，这个例子中的关键词浅显易见，而在日常生活和工作中，很多关键词是隐性的，只有通过“听”与“谈”来了解。

有时要注意对方的一些模糊用词，如“可能”“大概”“也许”等，这些词的出现，往往是因为说话人内心不确定或者在说谎，这就需要你将这些模糊用词所表述的信息连起来，找到疑问点，然后提出质疑。

有时，一些人在表达中总是试图说服你，这时你就要尽早做出判断，想出应对之法。最简单的方法就是朝对方说的反方向做判断，然后提出质疑。

在这样的沟通中，有些人爱用一些品格证词，如“我是优秀员工，怎么可能会离开公司”“我用我的声誉担保，我给你的是公司能开出的最低价了”……

还有些人爱玩弄概念，如乙方将“提高价格”说成“增强性价比”；员工将“准备跳槽”说成“对比成长”……

更有些人以情绪带动发言。需要注意，凡是过快或者过强的情绪变化，都会有它的目的性存在。

面对上述情况，你只需要抓住对方言语中的关键词提出问题，对方便会处于被动状态。这种沟通越早占领先机，就越有取胜的把握。

试探性提问：一环扣一环地追根溯源

试想，在与人交谈的过程中，什么样的问题会让我们瞬间产生防备之心呢？当然是那些不在我们意料之中的提问，没有预料的问题通常会给人不舒服的感觉，也会让人下意识地进行自我保护，所以也就很难达到对话的目的。

在一次同学聚会中，小刘分手多年的前女友突然出现了。当年他们很相爱，但因为各自家庭的阻挠，被迫分了手。

他们分手半年后，前女友结了婚，随后跟着丈夫去了国外。从那以后，小刘便放弃了，与前女友也减少了联系。他打算忘掉这段感情，单纯把她当成一个同学。

这次同学聚会，前女友看起来状态很不好，据说要回国发展。小刘猜想她应该是离婚了，真心想要帮帮她，但是这种事情总不能直白地去问吧？于是，他婉转地问道：“怎么想起回国发展了呀？”

女方说：“我们公司的驻中国办事处成立了，我便主动申请回国，觉得还是在中国生活舒服。”

小刘见女方没有提及自己的生活状况，便调整话题方向：“那你们得两地分居呀？”

女方笑了笑，没有回答。

小刘见状，确信自己的猜测是对的，继续问道：“你还好吧？看着气色不太好？”

“我离婚了。”女方终于自己把话挑明了。至此，小刘的对话目的也达到了。

一般来说，对于别人的隐私，我们不能直接询问，毕竟每个人都有自己的生活。但是，如果像小刘这样，希望确定前女友已经离婚并想施以援手，就必须主动出击。因为无法直接询问，他只能绕个圈子，这种方式便是试探性提问。

试探性提问，顾名思义就是将对话目的作为核心，然后围绕这个问题延伸出一些问题，从外向内逐步延伸，最终到达中心。这种提问方式可以使双方关系更为融洽，从而准确地提取到自己想要的信息。

举个简单的例子，人们在相亲时经常遇到“直截了当”的提问：

“你有房吗？有车吗？存款多少？”这些问题，任何人听了心里都会不舒服，所以，除非你对相亲对象真的不感兴趣，不然就要斟酌一下，做一些试探性提问，环环相扣，直到达成自己的目的。

“请问您对我印象如何？”

“我可以了解下如果我们恋爱、结婚，有哪些基本保障吗？”

“我觉得对于婚姻，买房或租房都不是问题，重要的是两人感情如何，您觉得呢？”

……

试探对方的心意，这种提问既不会让自己尴尬，又让对方觉得你情商在线，最重要的是，你完全可以达到自己的目的。试探性提问可以起到启发和引导的作用，比起正面出击，“剑走偏锋”的提问更容易获得大量信息，得到真实的答案。

当然，试探性提问要想得到真实的答案，需要注意问题一定要环环相扣，不可间断，否则当被问者有长时间独立思考的机会时，就会明确意识到你的动机，你的目的也就很难达到了。

比如，警察面对狡猾的嫌疑人，总会抛出一连串的问题让他回答，中间如果稍有停顿，审讯结果可能就会有变数。

再如，你是一名地产销售人员，想要取得客户的信任，就要多与客户交谈，在聊天中获得客户的更多信息。很多销售人员喜欢慢条斯理地提问，然后观察，想通过假设性提问让客户动心，这是行不通的。

客户之所以会来“看”你们公司的楼盘，如果不是恰好路过，一定是很感兴趣，这时你要用试探性提问探求客户的想法，然后环环相扣，充分激发客户的兴趣。

“你们公司的楼盘价格高于其他公司呀！”当客户这样说时，说明他已经做了功课并对房子感兴趣，可能只是因为价格问题而犹豫。

此时，你可以说：“的确，这个楼盘的价格比同期其他小区要高，但我们这儿的房子是精装交付，其他小区交的都是毛坯房。您在对比时有没有算上装修的价格呢？”

“这个没有，但是……”客户继续说，“装修质量行吗？”

“说到质量，我们公司开发的小区在全国各地都有，您是喜欢有保障的还是没保障的呢？”

“当然是有保障的。”

“如此看来，我们公司开发的楼盘虽然价格高一点，但它高是有理由的，您说是吧？”

话说到这里，相信客户很难不认同你的说法。

同样的情况，当客户对价格提出质疑，如果你说“我们公司的楼盘价格是高，但一分钱一分货”，虽然表达的意思相同，但因缺乏针对性，客户内心可能就会有点抵触，导致你拿不下这一单。

所以，在提问时，我们一定要找到对方谈话的中心，这样才能环环相扣，层层递进，得到最真实的回答，获得自己最想要的信息。

开放式提问：轻松获取负面信息

与人交往的过程中，我们可能会使用很多提问技巧来引导对方给出我们想要的信息，而其中最难获取的要数“负面信息”。

一般情况下，对于一个人来说，他会有意识地将自己美好的一面展现出来；对于一件产品来说，销售者总乐于滔滔不绝地讲述产品的优点；对于一件事情来说，人们总是愿意表现自己在事件中的积极作用，而回避消极问题。

这是人类的本能，是自我保护机制在自动发挥作用。所以，大多情况下，我们得到的信息都是经过加工的，会故意避开负面信息。因此，如何获知负面信息，成了人与人交往中最头疼的问题。

不过，如果我们在提问方式上稍加改变，采用开放式提问法，情况就会不一样了。

开放式提问法，是指将要了解的核心问题扩展，转换一种问法，让对方拥有充分的话语权。借助开放式问题，我们可以让对方有话可说，不限定、不拘束、不评判，想要获知负面信息也就简单多了。

小甲入职已有一年多，工作表现不错，但是最近提交的方案总是出现这样那样的问题，平时在工位上也总是发呆。经理发现小甲的情况后，决定找小甲谈谈。

“小甲，你最近是不是有什么心事呀？”经理关切地问道。

小甲低着头说：“谢谢经理关心，没什么事。”

经理又问了一些问题：“是不是谁影响了你的工作？”“是不是家里有什么事情？”“是不是谈恋爱了，没心思工作”……反正经理把自己猜测的都问了一个遍，小甲的回答都是“没有”。

这让经理心里很是窝火，但又不好因此训斥小甲，只得说了句“那以后好好工作”，就结束了谈话。

在这个例子中，经理的提问方式显然是有问题的，他想要了解小甲工作状态不佳的原因，便采用假设性提问，列出种种可能性。但对小甲来说，这些都是自身的负面信息，他会下意识进行自我保护，所以经理不可能得到想要的信息。

遇到这种情况，应该怎么办呢？其实很简单，经理完全可以直截了当地问："小甲，这一年多来，你的工作表现都很好，但最近却出现了很多失误，发生了什么事情可以和我说说吗？"先给予肯定，再指出问题，最后以一个开放性问题结尾，小甲便不可能用"有"或者"没有"来回答。当然，他回答得详细或者简略是他的自由，无论怎样，经理都获得了想要了解的小甲的信息。

开放性提问可以给对方充分发挥的机会。而且，这种提问方式没有严格限制，可以让我们得到更多的信息。对于存在问题的员工，我们可以采用开放性提问的方式；对于被搞砸的事情，我们也可以这样问责相关负责人。

小王好不容易完成了设计图，不料图纸却被工程部弄丢了，为此她大发脾气，让助手挨个排查。

助手到了工程部，挨个问："是不是你的责任？"很显然，除非有人站出来，否则不可能把事件调查清楚。事实上，也确实没有找到答案。

小王跟好友说起这件事。好友笑着说："工程部把图纸放在办公室，也许是谁整理文件时混在了一起，也许是有人故意拿走了，也许是人事部当废纸处理了……反正因素很多，你怎么就能指定一个人来问责呢？”

“那我该怎么办？”

“你可以说：图纸弄丢这件事是工程部的问题，大家可以回忆下当天都发生过什么事，都有哪些人来过？”

“这样就会有人承认吗？”小王问。

“当然不会，但通过大家七嘴八舌的回忆，你可以找到一些线索。也许就有那么一条线索，能让你找到图纸呢？”

“好，明天我试试。”

第二天，按照朋友的方法，小王在工程部做了调查，果然找到了图纸。原来是工程部的实习生在整理办公室时，顺手将图纸夹在了其他资料的文件夹中。

负面信息对每个人来说都属于敏感信息，如果你限定答案范围，对方一定会巧妙地避开问题。所以，不如简单地提个引子，让对方尽情发挥，效果反而更好。

当然，采用开放式提问还要注意一些问题：第一，提问时要抓住核心问题；第二，提问时语气尽量和善，用词委婉。

因为我们想要获得的是负面信息，所以提问的语气尤为重要。如果让对方感到不舒服甚至充满敌意，他就会拒绝给出我们想要的答案。比如孩子考试成绩下滑，父母大声责问：“说！最近到底干了些什么，考成这样！”哪怕孩子知道自己错在哪里，也会避险地说："我一直都在好好学习。"或者讨好地说："我今后一定会好好学习。"真正的负面信息就会被隐藏起来。

如果父母使用和善的语气，可能很快就会获知负面信息，找到问题的根源。比如可以亲切地说："一时的成绩不能证明什么，但我们要找到成绩下滑的原因，这样下次才能考好。你能告诉我这次没有考好的原因吗？"这样孩子就会本着自我批评的心态，告诉父母真实的原因。

第七章

想要解决问题，有时只需一个提问

☑ 二选一提问法，总有一个让对方就范

☑ 将解决方法暗藏在你的提问中

☑ 用有条件的连续提问破解僵局

☑ 用“为什么”挖掘出问题的症结所在

☑ 打破假象，达成真正的共识

二选一提问法，总有一个让对方就范

世界上有很多人的潜力是被激发出来的。大多数时候，一个人的力量通过自己的主动努力会发挥出一部分，而在外界的“逼迫”下，这种力量会变得更加强大。同样，在与人交往时，当你需要对方给出一个明确的答复时，如果语气过于委婉，对方可能会装糊涂，甚至搪塞过去。这时就需要适当“逼迫”一下，但如果言辞激烈很可能会适得其反。那么，如何才能解决这个矛盾呢？不妨试一试二选一提问法。

二选一提问法是一种封闭式提问，从名字便可看出，它是在给定对方两种情况下，逼迫对方从中二选一，达到对话的目的。这种提问技巧适用于提问者掌握主动权及快速得到结果的情况，可以让对方更快做出答复。

比如，当你想约一个人，几次都约不上，在不明白对方是故意推脱还是真的没时间的情况下，便可以使用二选一提问法来了解对方的真实想法——“我想约您见个面，您是这周有空还是下周？”

给出的时间限制可以参照对方的社会活动情况，如果对方很忙，可以用“这个月还是下个月”；如果对方很闲，便可以用“今天还是明天”。

只要对方愿意与你见面，必然会在两个答案中选择一个。

二选一提问法，还能够限制对方的答语，在封闭式问题中选择他认为最恰当的。这和激发人的潜能一样，在没有回旋余地的情况下，只能从中选择一个。

小区附近有一个拉面馆，生意十分火爆，从早到晚客流不断。

店里的三个伙计都很勤快，时间长了，老板发现年龄最小的一个伙计总能让客人多点餐，于是就让他给大家介绍一下经验。

小伙计问大家：“客人来店里时，你们是怎么介绍菜单的？”

一个伙计说：“我是这么说的：我们店里的特色是拉面，您还可以点牛肉、鸡蛋等。”

“那客人怎么回答呢？”小伙计问。

那个伙计笑笑说：“来碗拉面。”

小伙计听了，也把自己的说法分享给大家，他说：“对于配菜，我是这样问的：‘拉面中可以加鸡蛋，您是加一个还是两个？’一般情况下，客人都会加一个鸡蛋，只有那些不喜欢吃鸡蛋的客人，才会问可不可以不加。”

老板点点头，觉得小伙计说得很有道理。但小伙计卖出去的菜也多呀，于是又问：“那凉拌菜，你是怎么卖的呢？”

“是这样的，我会给客人介绍特色凉拌菜品，然后问‘您选择哪一种’，而不问‘您需要不需要’……”

“这有什么区别呢？”另一个伙计好奇地问。

“区别就是，当我问客人选择哪一种时，大多数客人会选择一两样，而问客人需要不需要时，一些客人便会回答不需要。”小伙计憨厚地笑着说。

老板看着大家说：“这样吧，大家以后多留心他与客人的对话，照着学起来，看看我们的收入会不会更多……”

一个月过去了，老板整理账簿时发现生意的确更好了，虽然不知道为什么，但看来小伙计的办法是有效的。

为什么呢？原因就是二选一提问法得到了更广的应用。小伙子将二选一提问法理解得很透彻，推销鸡蛋问一个还是两个，一般人会下意识地从中选择一个答案，于是鸡蛋卖得更多了；推销凉菜时，他又巧妙地避开了二选一提问法，让客户有更大的选择余地。

一个成功的销售人员在与客户对话时，往往会给客户以暗示，比如说："我们这个产品不错，您需要多少？""在这些样式中，您最喜欢哪一种？"面对这些问题，客户会下意识地思考：我需要多少呢？喜欢哪一种呢？而不会想自己要不要买。

喜欢购物的人也会发现，当销售员问你选甲还是选乙时，你就会开始比较两者，然后从中选择一个。这是一种心理暗示，让你跳过思考要还是不要的问题，直接跳到要哪一个。

曾经在商场看到一对小情侣，两人因男友不会说话而吵了起来。

男友要给姑娘买首饰，而姑娘看着这个好看，那个也好看，一时拿不定主意。男友便说："你到底想要什么样的呀？"

姑娘皱了一下眉头，说："我不知道哪一个好，要不你帮我选一个吧。"

"我怎么知道你想要什么样的，这么多，你随便选一个得了。"

男友说完，姑娘有点不高兴了，语气很冲地说："我们恋爱一周年的纪念品，你让我随便选？我选一大钻石，你买吗？"姑娘说完扭头就走，男友连忙在后面紧追着道歉。

> 男友应该知道，姑娘之所以没有买，是因为难以做出选择。这时，男友如果适时进行引导："你是想要项链还是手环？"姑娘可能会在项链和手环中选择一个，从而缩小选择范围。接着，男友可以再问："你喜欢这个品牌还是那个品牌？""你喜欢这一款还是那一款？"逐步缩小姑娘的选择范围，如此很快就可以解决这件事情。

这便是运用二选一提问法，帮助对方在较短时间内做出选择，而且不会让对方感觉是你强加给他的，因为每次都是他自己做出的选择。这种提问法会帮助我们很快达到目的，并且在说服对方的同时也满足了对方的自尊心。

运用二选一提问法时，有两点需要注意：

首先，给出的选项要有可行性。比如，在儿童服装店，面对带女孩前来选购衣服的客人，你不能问："这是我们的畅销款，你喜欢蜘蛛侠还是钢铁侠图案呢？"这就是没有了解客户需求，哪怕蜘蛛侠和钢铁侠卖得再火，女孩子也不会喜欢。

其次，能在开始时使用，就不要在结束时使用。开始时，对方还没有与你进行深入沟通，没有对你提出任何要求，此时运用二选一提问法，效果会更好，你可以充分掌握主动权，对方也会欣然接受你的建议。

如果在结束时使用，要么会使对方产生错觉——你都没有办法了，让我选，我为什么要选；要么会使沟通双方陷入尴尬——怎么突然就让我选择了；要么会适得其反——让我选，看来他着急了，我偏不选……

总的来说，二选一提问法是沟通中运用最多、效果最好的提问方法。二选一，看似只是选择一个答案，实则在沟通中起到引导的作用，总有一个能让对方就范。学会这一招，你在沟通中会变得更加自信。

将解决方法暗藏在你的提问中

大多数时候，我们提问是为了解决问题、收集信息，但有些时候，提问是为了让对方跟上自己的思路，以达到说服对方的目的。比如，销售人员在推销商品时，不可能只是一味地介绍商品，还要与客户沟通，而沟通中的提问就是为了占据主动权，让对方跟上自己的思路，达到推销的目的。

这个时候就不能使用开放式提问，而要尽量通过提问控制对方回答问题的范围。如何达到这个目的呢？最简单的方法是将你想要引导的方向暗含在提问中，给对方设定一个思考的范围，无形中达到自己的目的。

小黄是一位金牌销售，业界传说："只要小黄出马，就没有卖不出去的房子。"小黄在工作中就常常将自己想要的答案暗含在问题中，表面上是给对方一个建议，实际上给出的是暗示。他说：“对方看房就是有需求，当客户有需求且不知道自己到底有什么需求时，便可以用这种方式来提问，简洁、明快，客户还很高兴。”

一位中年女士来看房，小黄接待了她。

这位女士一直皱着眉头看沙盘，对小黄热情的自我介绍并未理会。

小黄便跟在中年女士身后，只见她一会儿看沙盘，一会儿看图纸，看样子确实是有买房的打算，只是在选择上出了问题。于是，小黄问道：“女士，您是要买家庭住房还是商用出租房呢？”

中年女士看了小黄一眼，终于开口了：“我买来自住，孩子要上中学了，买个房子，好在这个区域上学。”

“我们这个楼房正好在重点中学的学区，非常适合您。请问您是想要面积大一点还是小一点的呢？”

“小点的吧。”中年女士坐了下来。

小黄给她倒了一杯水，继续问道：“我们这儿小面积很抢手，您在户型上有什么要求吗？比如几室几厅、几个卧室朝阳等。”

“两室一厅吧，卧室有一个在阳面就好。”

“那您是喜欢低层、中层还是高层呢？”小黄将小户型的图纸递给对方。

“高层吧，清净，价格也便宜。”中年女士笑着说。

“好的，根据您的要求，我觉得3号楼20—25层的中户和9号楼18—22层的西户都非常适合您，其余的要么卖出去了，要么就是达不到您的要求。这是户型模型，您如果有时间，我可以带您看一下样板间。”

“好，现在看看吧。”中年女士跟着小黄看了样板间，还拿走一些楼盘介绍资料，第二天下午便过来与小黄签了购房合同。

这个销售案例的成功之处在于，将解决办法隐藏在提问中。客户看似在仔细了解楼盘，其实根本不知道应该如何选择，在小黄的提问下才一步步明确了自己的需求，小黄也成功地卖出了房子。

所以，当对方没有明确表态或者做出选择时，我们可以尝试将解决问题的办法隐藏在提问中，这样既可以帮助对方明确自己的需求，又可以达成我们的目标。一般最常用的是选择式提问和反问式提问。

选择式提问就像上例中小黄的提问方式，关键是要学会观察，了解对方的需求。其实，这样的提问方式很常见，比如你面对一桌饭菜不知从哪下筷时，妈妈往往会问：“你是吃虾还是肉呀？”

你便会很自然地从虾和肉中选一种来下第一筷。

反问式提问的特点是，看似是问句，实际上说话人已经将自己的某些观点植入句子里了。

比如，当你不喜欢看球赛，丈夫却不换台时，可以说："难道我们不可以换一下台吗？"这样对方会立刻明白你不喜欢看球赛，希望换台。

当然，他换与不换是他的选择，而你想表达的意思他已经了解了，此时，他如果坚持不换台，可又想解决眼前的危机，便可以用暗含解决办法的提问方式说："你去电脑上追剧不是更好吗？"

如果你不想与他起争执，他已经给出了解决问题的方法，你就可以照办了。

夫妻之间因为关系亲昵，所以哪怕用一些语气较强的反问句式也无伤大雅，有时还有可能成为婚姻中"爱的小吵"。但在职场中，为了避免因语气问题而产生矛盾，应尽量少用反问式提问，多用选择式提问法。

用有条件的连续提问破解僵局

生活中，很多事情不是独立发生且存在的，所以提问时不可能用一个问题便获取全部的信息，追问是很重要的。不过，与其因为自己的问题不合理而发起一个又一个追问，不如在最初设计问题时就运用有条件的连续提问来破解僵局。

这种提问方式与审讯中的提问很相似，从一个小细节出发，将问题串连起来，从而获得全面连贯的有用信息。比如，我们运用一个问句解决了问题 1，却不能解决问题 2 或 3；解决了 1、2、3 却无法解决根本问题；只有将问题环环相扣，交织在一起，才能一击命中。这就需要运用连续提问。

某公司的经营出了问题，公司内部有人偷偷在传公司要裁员。总经理为了调查此事，将人事经理请到会议室，严肃地问道：“你觉得营业额下降得如此严重，是不是产品或人员的问题？”

人事经理被问住了，如果说是产品的问题，市场部、后勤管理等部门一定不高兴；如果说是人员的问题，责任就会落到自己部门的头上，该如何回答呢？

正在人事经理头疼的时候，总经理继续说：“产品经过了我们的严格筛查，不可能出问题，那么我是不是该整合下公司内部人员，撤掉一批不合格的员工呢？”人事经理瞬间感觉到后背发凉，定格在那里。

总经理继续说：“如果裁员，他们会不会觉得不服气？”

人事经理还没说话，总经理又继续说：

“如果不服气，出去闹，会不会更加影响公司的形象？”

人事经理点点头说：“我明白了，我会与销售部人员一起探讨如何提高业绩，再也不会让裁员、猎头等冲昏头脑了。”

总经理笑着点点头，继续工作了。

在这个案例中，总经理想要解决的问题是消除裁员谣言。说到裁员，这件事与人事部多少有些微妙的关系。对话中，总经理并没有指责人事经理，而是通过一系列的问题来表明公司的态度。

运用有条件的连续提问，打破已经构成的僵局，向对方表明态度与立场。也有人说这是一种“有条件的逼问”，不管怎样，这样的提问方式可以制造适当的冲突，并快速解决冲突。

一位富有审讯经验的警员说过："坐在我面前的嫌疑人，常常会战略性地沉默，有意地避开问题。当然，沉默是他们的权利，如果这时运用暴力会让口供失真，甚至向反方向进行。所以，我们经常用带条件的连续提问，打破对方的心理防线。"

小刘与丈夫结婚六年了，现在她对丈夫的任何话都不相信。如果不是因为孩子，她肯定会选择离婚，因为丈夫最近与她交流很少。而且，小刘觉得丈夫还常常对自己撒谎，或者说是习惯性地撒谎，两人已经开始冷战。

比如，有一次丈夫晚归，小刘在他的口袋里发现了某娱乐场所的消费小票，可丈夫却说他是在公司加班。再如，丈夫的远房表妹来他们所在的城市找工作，下午丈夫去接站，然后帮着表妹找好宾馆才回家，可当小刘问起表妹是否适应时，丈夫竟装作对这件事一无所知。

小刘为此十分苦恼，向闺蜜诉苦，闺蜜给她出了一个主意，可以给丈夫设定条件然后再提问，让他表明态度。

这天晚上，丈夫回到家，小刘对他说："今天你回来得比较早，我们是不是可以坐下来聊一聊呢？"丈夫虽然看起来很不情愿，但还是坐了下来，不过他并没有和小刘聊天，而是拿着手机玩起了游戏。

小刘开口道：“我觉得咱们现在的日子出现了问题，两人都忙于工作无暇顾及太多，你觉得是因为工作太忙了吗？”

丈夫抬头看了小刘一下，没有说话，继续低头玩游戏。

小刘接着说：“如果是因为太忙了，那么咱们刚结婚时比现在还忙，但那时两人还可以一起聊聊天、说说话，难道是因为咱们没有共同语言了？”

丈夫终于放下手机，看着小刘。

“我觉得不是没有共同语言，而是交流太少，以致你常常会对我有一些隐瞒，是怕我有什么误会吗？”

丈夫拉起小刘的手，点点头。

“你不知道交流少了，误会更深吗？我希望咱们以后都坦诚一些，有什么话两口子之间不能说呢？”小刘眼里已经含满泪花。

丈夫拍了拍小刘的手，说：“我是不想让你为我担心太多，以后咱们多交流，多说话，好不好？”

小刘笑着点了点头。

小刘的问话看似比较软弱，却将夫妻之间存在的问题一一罗列了出来，用连续的“如果……那么……”给对方一种出现冲突、解决冲突，又出现冲突、又解决冲突的感觉，使得两人的关系得到缓和。

在人际交往中，一味地想要避开冲突是不可能的，根据人的心理结构特点，睿智的人要会制造冲突，并处理冲突，反复交替。这样不但不会破坏人际关系的融洽性，反而会使人际关系升温。

需要注意的是，我们是制造事件冲突，而不是制造人与人之间的冲突。人类是典型的感性与理性交织的动物，可能听到一句话就会秒变情绪。所以，运用这种提问方式时要注意语气，否则不仅达不到对话的目的，还会激化矛盾。比如，以“你……”来引导的句子带有强烈的挑衅意味，攻击力十足，有可能引起对方的不满。

因此，可以将“你”换成“我”来开头：“我觉得你最近出现了问题，有兴趣听一下吗？”“我觉得你与同事之间存在矛盾，是不是会影响工作呢？”“我觉得你给我的资料不全，是我还有哪些没有注意到吗？”这种句式可以将对话氛围中的火气降到最低，内容也不会失掉力度。

进行有条件连续提问时，有可能给人以“无休止逼问”的感觉。所以，每个句子中间要有停顿，给对方反应的机会，毕竟我们的目的不是形成尖锐对立。

用“为什么”挖掘出问题的症结所在

我们反复研究提问的技巧，也在实践中运用各种技巧预设问题，目的就是弄明白“为什么”。

上司突然让你调换部门，你需要问为什么；与同事发生矛盾，你需要问为什么；夫妻之间总是在争吵，你需要问为什么；陌生人盯着你不停地打量，你需要问为什么……生活和工作中，总会出现诸多类似的问题需要沟通，这时，我们便需要用“为什么”来提问，以便更快地找出问题的症结，寻求解决问题的办法。

公司从国外引进了一批新设备，并对新人做了培训。小张也是新人之一，他在培训中听得云里雾里，具体操作时也是差错不断。

组长在一旁观察了小张好久，问道：“你觉得把这根管插进去，它会从这一头出来吗？”

“不会。”小张吓了一跳，赶快调整。

过了一会儿，组长又问：“产品的颜色不太对，你调对颜色了吗？”

小张赶快调整颜色。

“你这只手不要了吗？不要放在那里！”

“不要推那个盒子，里面有精密仪器。”

“放下，你不知道还没有到指定温度吗？拿出来就毁掉了。”

……

组长在一旁不停地指挥着，小张的额头冒着汗，操作起来更加慌张，出现的错误也更多了。

这时，经理正好来巡视新设备，看到眼前的场景，他让小张停下手里的活，亲切地说：“你能告诉我，为什么会如此慌乱吗？”

小张低着头说：“我觉得可能是因为我之前对培训内容听得并不太清楚。”

“好，李组长，你安排一下，顺便再问问还有谁觉得自己对培训内容不太明白，将他们聚集到会议室，回放一下培训视频。”接着，经理又对小张说，“有的人接受新东西会比较慢，这很正常，你再看看培训的视频回放吧。”

这次一共有三四个人报了名，他们在会议室接受了二次培训。培训结束后，小张自信满满地回到工位，虽然操作仍有些生涩，但再也没有出过差错。

职场中类似的情况时有发生，很多人就像那个组长一样，不停地指手画脚，却于事无补。经理只问了一句“为什么”，就找到了小张出错的真正原因，这时再“对症下药”，问题很容易就解决了。

由此可见，在沟通的过程中，信息间的联系很有必要，而“为什么”就是将信息衔接起来的关键点。

比如，一些小情侣常常会有这样的对话场景。

男：“今天我们吃什么呀？”

女：“什么都行。”

男：“吃西餐吧，我觉得牛排好吃。”

女：“我不喜欢。”

男：“日料也可以，它们的鱼刺身做得挺好。”

女：“我不喜欢。”

男：“那吃火锅？”

女：“我不喜欢。”

……

男：“你到底想吃什么？”

女：“都行。”

类似的对话还可以举出很多，看似“随便、都行”，却是“什么都不行”，男生会瞬间无助。其实，这种时候可以用一个最简单的提问来结束尴尬的局面：“你为什么不喜欢？”当男方问女方“为什么”时，女方会思考自己不喜欢的原因，男方得到答案后，就可以有针对性地解决问题了。

但是，很多人不太爱问为什么，只是一味地猜测，或者就表面问题讨论，这时就算论点再明确，论据再充分，也会因为不了解核心问题而导致沟通不畅。

小马刚刚被提升为销售总监，销售部的人对他不太服气，因为他平日里工作成绩并不突出，很多人认为他之所以得到提升，只是因为他是老总的表弟。

这天，小马对小丽说：“小丽，给我把今天的报表拿来。”

小丽坐着没动，小马站起来，走到小丽身边又说了一遍。小丽抬眼看了一下小马，又继续干手头的活。小马生气了，他严肃地说：“小丽，你到财务部把报表拿来。”

小丽没有说话，仍是一动不动。小马更加生气了，他指着小丽说：“因为我提了总监，你觉得我的能力与职位不符，是吧？觉得我攀关系了，是吧？”

大家都看着小马没有说话，这时小丽站起身来，对小马说：“马总，我是小媛，小丽是我姐姐，财务报表一直是她在拿，公司有规定要专人拿，我不能拿。”

小马仔细看了一下，站起来的这个人确实不是小丽。这两姐妹长得很像，自己平日不太接触，所以认错了人。小马尴尬地笑笑，转身回了办公室。

当天晚上，他一个人坐在沙发上不由地笑了起来，自己真的是太敏感了，以为员工要跟自己对着干，结果把自己弄得特别尴尬。

其实，当小马看到小丽一动不动时，可以用“为什么”来弄清原因，比如说：“请帮我把报表拿来，你为什么还坐在椅子上呢？”这样的问句一出，小媛肯定会站起身来解释，就不会出现后面的尴尬了。

当然，运用这种提问方式，需要注意“为什么”是为了揪出隐藏在背后的真正原因，而不是为了争吵。所以，当我们想问“为什么”时，一定要将意思表达清楚，不要掺杂任何情绪。

比如上面的例子，如果小马着急地问：“你还坐在椅子上，为什么不动？”这样就会把氛围弄僵，甚至让对方感到委屈甚至难堪，反而对沟通不利。

如何恰当地获得自己想要的信息，用“为什么”来解决冲突、结束纷争，还需要我们在实践中多多练习。

打破假象，达成真正的共识

在日常生活中，我们常常会遇到一些表面风平浪静，实则暗潮汹涌的事情。也就是说，沟通中双方仿佛已经达成共识，对话却还是不和谐，尤其是涉及一些利益的时候更是如此。假如表面达成共识，实际上却是一人得利，另一人受损，这个沟通也是不成功的。

比如上学的时候，我们考完试讨论成绩，可能会出现以下的情况。

甲同学："这次考试好难呀，你考得怎么样？"

乙同学："是呀，我也觉得好难，这次应该也就是前十名吧。"

甲同学："是啊，就是难，我可能要到前三名了。"

乙同学："嗯！"

这两个同学的对话，表面上是有共识的，但甲说难的原因是为了跟乙做比较寻找心理安慰，乙无意中就成了甲表现自己的垫脚石。两人表面看起来一派和睦，实则暗潮汹涌，一心想要比较，没有建立真正的信任。

平日，我们也会遇到类似的情况。

甲："今天真是个好日子，我的股票又涨了，你的呢？"

乙："我的跌了，绿了。"

甲："没关系，会涨上来的。"

乙："你真是站着说话不腰疼。"

……

之前两人常常兴奋地讨论股票，今天却是一方得意一方凉，甚至要吵起来。并不是两人突然对股票不感兴趣了，而是一方有好消息，另一方却是坏消息，对股票的兴趣成了双方达成共识的假象。这时只有马上转变，找到真正的交集，才能将沟通继续进行下去。

那么，双方真正的共识是什么呢？当然是赚钱。所以，对话可以改为这样。

甲："今天真是个好日子，我的股票又涨了，你的呢？"

乙："我的跌了，绿了。"

甲："你买的是哪一支？我们研究一下。"

这样的话，乙肯定会同意，然后两人便找到了共同的话题，可以将对话进行下去。通常有利益存在的地方必定会有"交集"，也就是说，哪怕两人的矛盾再大，只要找到共同的利益，就可以让沟通变得和谐。

有一对小夫妻——小王和小崔，他们平日里在外人面前一直表现得很恩爱，可是据邻居反映，他们在家经常吵架，动不动就扔东西。小王有时还会打老婆，小崔也总是不依不饶地骂人。

这几天，大家都在准备过年，小王和小崔又吵了起来。

小王说："你明不明白'子欲养而亲不待'的道理，过年回家是传统、是孝道！"

"是呀，过年回我家为什么不行？"小崔不服气地说。

小王皱着眉头说："你家在哪儿？你嫁人了，婆家就是你的家，过年不回婆家会让人笑话的。"

"我们一年到头都在外地，我也想过年的时候陪陪爸妈，有什么可笑话的？”小崔哭了起来。

“你说呢？你一个嫁出去的女儿，有忌讳，是不能回娘家过年的。”小王见妻子哭哭啼啼的，心里有点烦躁。

“我家就我一个女儿，有什么可忌讳的？”小崔哭得更厉害了。

小王见媳妇不停地哭，心里火气更大，一拍桌子说：“说那么多没用的，要孝顺就回家过年。”

两人越吵越厉害，连居委会大妈赶来劝架也没有用。后来，他们开始了冷战，最后决定过年谁家也不回，就在这里过。结果，大年三十，两人看到别人家团团圆圆地过年，再想到家中老父老母，心里都十分后悔。

在这个例子中，表面上小夫妻懂得孝顺，似乎已经达成共识，但这只是一个假象。两人对回家没有意见，矛盾是回谁家，陪谁的父母一起过年。这是很多年轻小夫妻常常面临的问题，因此产生了很多争论。

想要陪自己父母过年是人之常情，所以这个时候，只有设身处地地考虑问题，才能找到一个圆满的解决方案。比如，当小王提出过年要回自己家时，小崔可以说：“我们不是为了过一个团圆年吗？这样好不好，把我们的爸妈都接来，大家在一起岂不是更热闹？”或者说：“我其实也很想回我家过年的，毕竟他们只有我一个女儿，要不今年回你家，明年回我家，如何？”

小崔这样说，就是在同意小王观点的基础上提出自己的想法，找出“过年团圆”的真正共识，并给出合理化的建议，从而让小王心平气和地接受。

人们在沟通中之所以会发生争吵，都是因为双方各自站在自己的立场上，看似已经达成共识，其实只是假象，此时只需要找到那个交集，让双方的立场保持一致，矛盾自然也就化解了。

第八章

精准到位的提问，助力引导和说服

- ☑ 引导询问，悄悄让对方跟上你的节奏
- ☑ 提问要由表及里，层层深入
- ☑ 批评中加入提问，敦促对方自行觉悟
- ☑ 围绕重点提问，切记不要跑偏
- ☑ 抓住对方的关注点，针对性地提问

引导询问，悄悄让对方跟上你的节奏

如今人们越来越“懒”，在沟通中总希望自己面对的是选择题，而不是简答题或者论述题。这就给我们的沟通提出了新的要求，或者也可以叫作契机，让我们可以利用询问技巧，在潜移默化中引导对方一步步跟上我们的节奏，最终得出一个令人满意的答案。

具体做法：首先，学会判断对方的心思，大概掌握对方的需求，做出正确的判断，设计有引导性的问题。其次，遵守循序渐进的原则，激发对方进一步沟通的欲望。最后，掌控主动权，让谈话节奏走向明朗。这样，所有的铺垫就能顺理成章地帮助我们完成沟通目标。

商场里来了一位客户，在家纺区附近徘徊。导购看见后，过去跟客户打招呼：“先生您好，是想选个床品四件套，还是要换个枕头或者被子呢？”

客户听了，非常自然地回应道：“我想来看看枕头，有没有合适的？”

导购没有马上介绍各种各样的枕头，而是继续询问：“您家里的枕头是什么材质的？是因为旧了，还是因为不舒服才想换新的？”

客户说：“我也不太清楚是什么款式，以前是我妻子买的，现在觉得睡完有点累，总感觉没休息好。”

导购笑了笑说：“您说得对，不合适的枕头，不仅没有很好的放松效果，反而会加重对颈椎的压力。您平时工作肯定经常用电脑吧？颈椎多多少少会出现劳损，确实需要一个合适的枕头，用来放松身体。”

“对对，我就是来看看有没有能放松颈椎的枕头，你给我选一个吧。”客户看起来非常信任导购的样子。

“现在市面上有不少填充材质的枕头，比如决明子、荞麦皮，但我觉得那些都不太适合您。您这么年轻，看起来也很健康，就是颈椎有点不舒服。这款有记忆功能的乳胶枕，虽然贵了一点，但是怎么睡都不会变形，能让您迅速找到适合自己睡觉的高度，提高睡眠质量。您看怎么样？”

客户看了看价格，很爽快地说："好，就这个吧。"

这笔交易就这么愉快地达成了。导购没有费太多口舌，只是提了几个简单的问题，看似不经意的询问，就引导顾客说出自己的需求，为这场交易打下良好的基础。我们把导购的提问方式称为引导式询问。从简单的两个选择题开始，拉近与对方的距离，也把对方拉入自己早就画好的一个圈子。这样的谈话，最终会让双方都满意。

很多时候，人与人之间的对话，就是一场博弈，谁能做控局者，谁就赢了。这也使得人们常常只顾自己的立场与想法，以为强硬的自我表达就是最好的说服方式，其实不然。面对陌生人，我们表面客气而保持防御心理，就是担心一不小心被别人牵着鼻子走。这可不是很好的心理体验。而看似不经意的引导与询问，可以顺利通过对方的心理防线，然后拉近彼此的距离，了解对方的信息。

比如，你想跟一个很久没见面的朋友约个饭局，如果上来就问："今天有没有空，我们一起吃个饭吧。"对方可能会有点摸不着头脑，不清楚你的意图，所以第一反应就是拒绝，接下来气氛都会很尴尬。如果你换个方式，先问候一下，询问近况，聊聊心情，回顾交集，这样的节奏正是社交所需要的"套路"。感情交流到位后，对方便有可能接受你的邀请。

弄懂了何为初衷，何为归途，才能赋予一场谈话以灵魂，我们也才能带动整个谈话节奏。这种沟通方式可以提高交流效率，完成一次高质量的交流。

提问要由表及里，层层深入

沟通有时就是寻找答案的过程，然而，人都存在畏难心理，面对有一定难度的问题，大多数人的第一反应是回答“不知道”，以便逃离困境。

这是因为，大脑面对外界提出的问题，往往需要经过复杂的活动方能找出答案。这也提醒我们，要学会由浅到深、由表及里地提问，给彼此一定的思考空间，再层层深入，步步引导。

期中考试之后，李老师发现小尹的成绩下降很多，就想找她聊聊，了解一下原因。李老师确实是个热心肠的人，但是因为刚刚参加工作，沟通方法掌握得还不是很好。

他把小尹叫到办公室来，还没等小尹说“老师好”，他就开始问了：“你这次成绩下降得太快了吧，说说是怎么回事？”

小尹本来就有点怕这位班主任，被他这么一问，心里十分慌张，小声说道：“我……我也不知道怎么回事。”

“没问题怎么会下降得这么厉害？肯定有事，跟我说说吧。是注意力不集中还是厌学，或者有其他问题？”李老师一个问题接着一个问题抛过去，可回应他的只有沉默。无奈之下，这场失败的谈话只能到此结束。

同一个办公室的朱老师看见这一幕后，忍不住对李老师说：“李老师，跟同学聊天不能这么直接，虽然咱们都知道肯定有深层次的原因影响了她的成绩，但是聊的时候还是要循序渐进，先聊表层问题，再逐渐深入，这样孩子才不会产生抗拒。下次你可以试试这个方法。”

李老师若有所思地点点头，又找来另一位同学，也是同样的情况。这次，他没有心急，而是先跟这位同学聊了聊她这次的成绩，对每科的成绩进行分析，引导学生自己说出问题，在这位学生看到自己的不足后，再跟上学期比较。就这样，他一步步地从这次成绩中分析出跟之前成绩的差距，弄明白了偏科的原因；也知道了是她家里最近发生了变故，导致她心情低落，最终影响了这次考试。

不用说，第二次谈话非常成功，李老师自己也感觉到了，发现提问真的非常需要技巧。可能出于压力，或者与交流对象有隔阂，都会让当事人抛出的问题如同打了水漂，连水花都没有。

由浅入深的提问，由表面到深层，既符合人际交往规则，也符合我们的提问法则和思考习惯。就好比我们跟陌生人聊家常，不会产生逃避心理，因为这不会产生伤害，也能很轻松地做出回答。当交流所需的感情培养出来之后，再深入探讨想要了解的东西，就不会有太大的阻碍。

那么，具体应该怎么做呢？大概分为这么几步：描述表象，解释因果，寻找根源，最后一起寻找解决问题的办法。先聊表象问题，这需要描述性的回答，并不难操作。然后追问是什么原因导致现在的结果，可以分为直接原因和间接原因，这时就要看对话者的理解能力与表述能力了。最后，大家一起寻找解决问题的办法。在这个过程中，主导谈话的人会接收到不少信息，对于解决问题很有帮助。

有个公司的员工流动率非常高，总经理找来人力资源经理询问原因："为什么这么多员工选择辞职呢？"

经理回答："我不太清楚，他们辞职时也不愿意说实话。"

总经理又问："是什么时候开始有这种情况的呢？"

"大概是在7月吧。"经理回忆道。

"7月之前，公司有没有发布新的管理条款？"总经理追问。

“公司那时决定取消双休，改成单休，因为工作量比较大，所以要求所有员工周六加班。”

这样就找到了问题的根源。且不说人力资源经理解决问题的能力如何，他在细心观察上做得还很不够。在总经理的追问下，所有问题都清楚了，下一步该怎么做也有了眉目。

所以，遇到自己不熟悉的情况，如果能层层深入地进行提问，一定能得到自己想要的答案。

批评中加入提问，敦促对方自行觉悟

家庭中，父母会批评犯错的孩子，让他们在成长中少走弯路；工作中，上司会批评犯错的下属，让他们改进工作中的错误。

但是，无论是批评还是被批评，都不是什么愉快的体验。

老板要出差，让秘书订票。由于没有直达的车票，只能定两张中转的票，但是秘书粗心大意，弄错了站，导致老板没有赶上中转的那趟车。老板此行是要参加一个重要的投标会议，就因为秘书的粗心，导致公司失去了一次宝贵的机会。

老板回到公司后，把秘书叫到办公室一顿训斥！“这点小事都做不好，你平时怎么工作的！这个月扣光你的绩效工资，回去好好反省！能干就干，不能干就走！”说完这些，他就让秘书出去了。

这次谈话的结果并不理想。老板发完火之后，心情并没有好一点，反而更烦恼了。那个做错事的秘书，本来还在内疚，被老板“无情”地臭骂一顿之后，加上被扣工资，她觉得自己的错误本来没这么大，老板这么对她简直太过分了。带着情绪工作还是辞职走人，两者都有可能。

由此可见，最坏的结果莫过于事情发生了，当事人却不知道自己错在哪里。批评固然没有错，可批评了却没有效果，这是最可惜的。

如果老板能在批评的时候提几个问题，效果应该会大不一样。

“这次你知道自己错在哪里了吗？”这个问题主要是看秘书能否意识到自己的错误。

“票订错了可以理解，可能你太心急，但是你知道因为你订错票，给公司带来多大的损失吗？”这个问题，是让秘书意识到自己的行为带来了多严重的后果。

“秘书工作需要细心与耐心，你觉得自己在工作中是不是还欠缺了点什么？”这个提问，主要是为了让秘书有针对性地反省自己，敦促她以后在工作中更认真细致。

这几个问题有一个明显的共同点，就是结合了批评与提问，剑有所指，既能让当事人在启发性提问中领悟到自己的过错，还能让对方明白你的良苦用心，从而修正自己的错误行为。

提问也分疑问和反问。两种不同的方式，可以在不同的场景下发挥作用。例如，家长不知道孩子为什么要打人，可以这么说："你今天做了件非常糟糕的事情，打人是不对的，你知道打人不对吗？"年纪小的孩子，还没分清行为界限，所以问清楚他是否明白对错，这一点非常重要。如果孩子说知道打人不对，那就要进一步反问："既然知道打人不对，为什么还要动手呢？"如果孩子不知道打人是错误的，就需要先给孩子讲清楚打人为什么不对，然后再追问孩子行为的缘由。

我们不提倡咄咄逼人的批评方式。理想的批评方式，是通过描述、评价来促进自省，这才是正确的做法。向对方提问，目的是帮助他们正视自己的错误，梳理自己的想法，然后才能有内省的过程。

所以，批评时多问几个问题，既是给自己了解情况的机会，也是给对方澄清与醒悟的时间。

围绕重点提问，切记不要跑偏

事与愿违的情况经常会发生，工作中如是，生活中亦如是。这在很大程度上是因为我们的注意力还不够集中，很容易被外界干扰。本来一件事已经计划好了，谁知最后却半途而废。焦虑的我们为何总犯同样的错误，而不知道如何改进，其实主要是因为我们抓不到重点，做不到对症下药，所以会让干扰因素把我们带偏。

在提问的过程中，我们也会遇到这样的问题：本来是讲工作重点，却被大家七嘴八舌地给拐到另一件事情上。面对这样的局面，一定要守住自己的初心，不要对计划外的问题过于纠结，不然谈话效果会微乎其微。

女儿想学乐器，她自己喜欢钢琴，但妈妈却想让她演奏古筝。母女两人因为这件事争执不下，每次交谈都没有结果。

妈妈是这样说的："你学弹钢琴，那东西能随便上台表演吗？"

女儿不服气："怎么不能，古筝就能啊？我不喜欢古典乐器。"

妈妈有点生气："古典乐器？钢琴还有古典钢琴呢？你还没学呢，就开始忽悠我，你还太嫩了点吧？"

女儿很委屈："谁忽悠你了，老师说的。我要学的是现代钢琴，您不懂吧，还在这强硬要求我。您见过钢琴和古筝吗，知道它们的区别有多大吗？"

妈妈更来气了："我什么没见过，什么不懂，我和你爸把你拉扯大，就是为了让你这么看不起我们吗？"

……

这样的讨论，属于想到哪儿就吵到哪儿，压根忘记了最初的讨论核心是什么。孩子想学钢琴，妈妈想让孩子学古筝，可妈妈提出的问题，一个比一个偏离核心，越扯越远，不着边际。其实，妈妈想要说服女儿，只要问几个关于钢琴的关键问题即可，让女儿思考之后能够意识到自己的学习之路或许会非常累，她自然会冷静地考虑，认真对比后再做决定。即便最后她依然选择钢琴，因为之前有了妈妈的提醒，她也会努力坚持下去。

提问是门艺术，提对了问题，就是发现了问题的关键点。只有找到这个点，再围绕这个点去提问，才能逐步分析并引起共鸣。

一对夫妻要买冰箱，在款式与品牌的选择问题上发生了争执。丈夫坚持要买大品牌和大容量，认为这样能用得长久。妻子却觉得经济条件有限，没有必要一步到位，先买一个将就着用就可以了。两人各自坚持，开始了讨论。

丈夫："冰箱买来是干什么的？"

妻子："当然是让东西保鲜不容易烂呀。"

丈夫："那家里需要保质保鲜的东西多不多呢？"

妻子："怎么不多，水果、蔬菜、鱼肉，还有饮料、调料……否则，咱们为什么需要买冰箱啊？"

丈夫："如果买个小冰箱，只放一点点东西就满了，夏天连个大西瓜都放不进去，是不是就发挥不了冰箱的作用？"

妻子点点头，表示认同。

丈夫继续追问："咱家冰箱你觉得要用多久？"

妻子说："自然是越长越好，它们都有使用年限的。"

丈夫表示赞同："你想要使用长久，就得挑质量好的，否则用几年就坏了，还要浪费时间买冰箱、扔冰箱，大品牌有保证。再说，容量大一点是贵，但我们以后不用考虑东西放不进去会坏掉这样的问题。不然到时候，咱俩可容易吵架，这不是影响夫妻感情吗？”

听了丈夫的话，妻子笑了，最终同意了他的提议。

丈夫的提问从头到尾，都围绕一个中心——论冰箱的耐用性与体积实用性，从主客观、正反面进行论证。不管妻子的态度是支持还是反对，都不会打乱他的节奏。

通过上面的例子，我们明白了提问不能偏离路线。把握住这个重点，就能吸引住对方的注意力，最终达成目标。

提问相当于一场辩论赛，偏离了论点，不管论据多么精彩，都无法做到打动人心。所以，不是我们天生不会提问，关键是要找到症结，才能对症下药，得到彼此都能接受的结果。

抓住对方的关注点，针对性地提问

在竞技体育中，每项运动的规则完全不同，有的要求速度，有的要求精准度，有的要求团队合作。所以，不能用单打独斗的方法来参加集体竞赛，因为不同项目之间，大家的关注点和得分点都不一样。

在生活中，大家也像一个个运动员，分别精于某一项“运动”，所以人际关系的标准因人而异。面对不同的人群，只有了解对方的关注点，我们才能有针对性地提出问题，给对方畅所欲言的机会。

个人关注点不是唯一的，也不是经久不变的，所以提问之前要注意观察群体，总结人群特征，这样才能给提问打下坚实的基础。比如年幼的孩子，最关注的是零食和玩具。在孩子的世界里，他不关注的东西，无法给你明确的答案，甚至没有沟通的欲望。

但是，如果你问他最喜欢珀利警车还是小猪佩奇，相信一定会打开他的话匣子，激起他的沟通欲望。这样一来你了解的信息也会激增，从而轻松引导、说服孩子。

李经理“空降”到一家大型公司，对人事和业务都不熟悉。她努力跟大家打成一片，以免产生距离感，陷入孤军奋战的境地。她对老员工老杨说：“你来公司这么多年，对公司的情况肯定非常了解，咱们部门的制度，你觉得有哪些需要改进的地方吗？”

本来她是带着期待的心情等着老杨回答，谁知对方支支吾吾，半天也没说出个所以然来。这是为什么呢？李经理十分不解，老杨则脸红了，场面一度非常尴尬。

李经理的秘书在旁边看到这一幕，等老杨出去后，她向李经理汇报说：“经理，你的问题他确实不好回答，他不擅长这方面。第一，虽然他是老员工，但一直没有得到提拔，就是因为他能力有限，虽然是部门里来得最早的人，却无法带领团队成为担当。他性格谨小慎微，更不会轻易对你说出制度或者公司的不足的。”

李经理听了非常疑惑：“那我该问他什么呢？不过是些常规问题，并不太难回答吧？”

秘书想了想说：“老杨的关注点既不在制度上，也不在成为部门领导上，他关注的是公司的人事关系。他喜欢观察别人，仿佛能看透每个人的想法，这点特别厉害。”

原来，问题的关键在这里，提问的艺术也在这里。如果不了解对方的关注点，只从自己的角度考虑问题，提问必然得不到有效回应，是失败的。

朋友小娜很年轻，但她从不追星。每次同事们凑在一起聊明星八卦，她都插不进话，久而久之，她就给人不爱说话、性格高冷的印象。偏偏她还是个不爱解释的人，看起来相当不合群。

不过，她的业务能力非常棒，一般人搞不定的问题，她都能顺利解决。公司新来的员工小杜，业务不熟练，就想跟着她好好学学。不过，他不知道能从哪方面跟她搭上话，女人们在一起爱聊的八卦、时尚，她都兴味索然。经过一段时间的观察，他终于知道了这位业务骨干的关注点。

“娜姐，我刚来这边上班，不知道附近有什么好吃的，你能不能给我介绍一下？”

“可以啊，你喜欢吃什么口味的，辣的、甜的还是素口的？”

“我喜欢吃辣的，不知道娜姐喜欢吃什么？”

“我呀，无辣不欢，非常喜欢辣，哪天咱们一起去吃吧。”

“那太好了，娜姐，我就喜欢你这爽快脾气，跟小辣椒一样，充满战斗力。娜姐，我工作上遇到点事，处理不了，你能不能帮我看看，给我指点一下？”

“没问题，这多大点事儿，工作上有问题尽管来问我。”

职场中，人们讲究效率，怕被别人干扰影响自己的工作进度。所以，面对别人的求助，往往敷衍了事。但是，如果我们能够精准地找到对方的关注点，引起对方的共鸣，就能在不知不觉中引导对方按照我们的提问思路走。

小杜是个聪明人，如果他直接去找小娜求助，过于直接，可能让人感觉不舒服。万一小娜心情不好，还会拒绝他。于是，他把求助的问题压在心底，先聊小娜关注的“吃”，聊出共同点来，顺带着夸一下对方的业务能力，这时再提出求助，就不容易遭到拒绝了。

第九章

揭露荒谬的观点，提问是最好的批判

☑ 观点坚定清晰，质疑有理有据

☑ 追问一定要犀利，防止对方跟你兜圈子

☑ 质疑时相信自己，说服他人时底气十足

☑ 用提问批判，用批判性提问启发

☑ 遭遇无礼冒犯，如何绵里藏针来提问

☑ 提问以问题为中心，以解决问题为目的

观点坚定清晰，质疑有理有据

看过辩论赛的朋友都知道，在赛场上想要成为赢家，一定要学会抓对方的漏洞，并提出确切的质疑依据，然后要求对方给出答案。不管进行到哪一步，态度要坚定，观点要清晰，不要给人留下不确定的印象。作为一名辩手，具备了以上素质，距离成功就不会太远。

很多人感觉自己缺乏说服力，明明自己掌握着“真理”，但说出来之后却不被别人重视，也很少被别人承认。这确实令人苦恼，尤其是对事业发展的阻力巨大。试想，哪个领导职位的争取，不是靠自己的号召力和说服力呢?

有的人不知道自己的问题出在哪里，其实仔细想想，你在表述观点的时候，是不是表现得不自信呢？别人问你：“这个数据是不是对的？”你犹豫着说：“应该是对的吧。”这种不坚定的态度，会让别人质疑你的能力。如果你换一种说法，看着提问者的眼睛坚定地回答：“这个数据，我确定是对的！”对方可能会赞同地点点头，不会再有不信任的表情和行动。

沟通就是一个此消彼长的过程。在观点上要保持鲜明的态度，才能在沟通中处于平等地位，而不是被对方比下去，做一个被质疑的沟通对象。即便我们不要求有如此强烈的求胜心，起码也要保持双方对话的平等。

当我们清楚表达了自己的观点，在一场对话中就已经站住了脚。人际关系不是一味地追求和谐，面对别人给出的答案，我们有提出质疑的权利。

质疑也讲究方法，而不是漫不经心地提出：“这个问题我觉得你错了，应该是别的答案。”给出这么一句态度飘忽不定的话，对方必然不服气。因此，准备好质疑的依据，做到有理有据，才能成功反驳。

我们不能被别人牵着鼻子走，面对别人的错误，首先要表明态度。质疑，提问，要求答案，这是树立自己谈话气场的三部曲。经过不断摸索，我们就能掌握推翻谬误的诀窍。

“你的文章写错了，事情发生在1988年，而不是1987年。我查阅过多个历史资料才确定的数据，你觉得是不是应该改正？”

“你所描述的销售业绩，其实有错误。去年并非直线型增长，我们做了数据模型，可以很直观地看到，有几个月是在下降。你所引用的数据，是从哪里得来的？”

“你跟我说这是当季新款？据我所知，今年的新款没有这个色系，你确定自己的信息没有搞错？是不是你自己记错了呢？”

面对错误的陈述，我们要坚定自己的态度，如果我们把错误看得没那么重要，错误有可能被演变成正确的。这绝不是我们想要看到的“指鹿为马”的局面，提问和反驳时千万不要犹豫。

“这个情况就是这样。”

“不对，我研究过这件事，不是你说的这样。”

“你有什么依据？”

“我已经把整件事情的经过和结果做了整理，就在我的电脑里，我们可以随时查看并证实。你觉得怎么样？”

不管对方是点头还是摇头，这件事情谁对谁错，谁是辩论的胜利方已经显而易见。

我们不提倡争吵，但对错误的观点必须做出反驳与纠正。所以，相信自己的观点，也准备好自己的证据。我们要坚定地做自己，做一个优雅有能量的提问者。

追问一定要犀利，防止对方跟你兜圈子

生活中，我们有时会遇到这样的情景，在提出一个确定的问题后，对方始终不给明确的答案，一会儿说“可能”，一会儿又说“大概”，就是不愿表明自己的态度。这究竟是为什么呢？这种人通常胆小谨慎，害怕承担责任，做事、说话总想着给自己留条后路。

这种性格虽然算不上让人讨厌，但有时却挺耽误事情的，尤其是在原则性问题上。提问者心急火燎，但对方却一直在用各种模糊的话语来兜圈子。这个时候，生气或者吵架都无济于事，要学会正面“逼问”，让对方知道躲避式交流是行不通的。

上司交给下属一项时间紧、任务重的工作，理所当然地要问一句：“你觉得自己能按时保质地完成吗？这可事关我

们公司下一步的发展方向。”这位员工能力很强，否则上司也不会把这么重要的工作交给他。

但是他偏偏自信心不足，上司就是因为知道他的性格，所以才故意问他是否可以保证完成任务。

果然，下属听到领导的问话，不自觉地按照一贯的方式回答道：“应该可以吧。”听听他的表述，“应该”和“可以”两个词其实都是在兜圈子，没有明确的态度。

不过上司也没有生气，继续追问：“应该可以？那好，定个时间，告诉我什么时候可以给我看初稿？”

下属一听，知道领导是要求自己给出一个截止日期，他狠了狠心，说：“那个，我想，大概下周能出来初稿。”

上司见他还是不敢给出一个明确的时间，决定继续想办法切断他的后路，毕竟，下周的范围太大，从周一都周末，七天的跨度太长了。“下周？可以！那具体周几可以完成？周一还是周五？”

听到上司这么不依不饶地追问，下属知道自己这次是逃不掉了。他攥了攥拳头，明确地告诉上司：“周三下午5点之前，我准时把这份方案的初稿送到您的办公室。”

这次，上司终于没有再继续追问，而是满意地点了点头。

其实，每个人接到工作的时候，都会在心里估计一下这个工

作是不是可以完成，什么时候能够完成。即便他们心中有数，一般不愿意轻易透露自己真实的想法。如果工作不紧急，我们又充分相信对方的能力，也就不必穷追不舍地问下去。但是有些工作时间紧，对方又不表态，我们就只能用层层追问的方式来要求对方给出一个承诺。

需要注意的是，问题可以犀利，但是态度不要咄咄逼人。问题或者定性或者定量，都会给人带来不一样的压力。如果对方不是顽固的自我保护主义者，在听到第一次追问的时候，就应该明白，提问者不是能随意糊弄过去的。

所以，提问时要严肃但不用过于严厉，控制好自己的情绪，既能冷静思考下一个问题，又能客观观察到对方的反应。千万别因为追问过于犀利而破坏友好的谈话环境。

很多父母面对孩子的时候经常容易失控，比如孩子在外面玩，他们没有时间概念，总想跟父母争取多玩一会儿的权利，这时连他们都没意识到自己在兜圈子，父母却因他们说话的态度而大动肝火。

“你要玩到什么时候才回家？”

“再玩一会儿吧。”

“玩一会儿是玩到什么时候？”

“就是一会儿。”

“10分钟，可不可以？”

“可以。”

但是10分钟过去了，孩子依然玩得兴高采烈，不理会父母让他回家的要求。于是，上面的谈话又会重复。几个回合下来，父母被孩子的态度气坏了，难免训斥孩子一番：“玩什么玩？都玩了几个10分钟了！你还回不回家！”

父母的追问要有震慑力和说服力，但不要产生负面情绪。可以跟孩子商量定个闹钟，或者让他自己看看时间，再让他表态，达成一致的意见。

所以，为了避免对方跟我们兜圈子，我们的问题不能弹性太大，一定要具体而细致，有针对性，使得对方只能进行选择，给出明确的答复，这样不仅能提高我们做事的效率，也节约了沟通成本。

质疑时相信自己，说服他人时底气十足

即便把沟通的技巧背得烂熟于心，每个人的发挥的水平不一样，取得的效果会有天地之差。是领悟能力不够，还是自己的方法错误？其实，沟通既讲究客观的方法论，又讲究主观的发挥。如果留意一下，我们会发现，自信的人，面对每件事都胸有成竹，落落大方。

而沟通失败的人，气质正好相反，尽管他们观点正确，证据确凿，表达流利，但是见人矮三分，说话缺乏底气，所以，他们的质问缺少力度，提问的语气飘忽不定。这样的表现，不要说去说服和引导别人，恐怕对自己也无法交代。

小陈上学时是个学霸，他脑子聪明，解题思路清晰，每次都是班级的前几名。但是他有个最大的缺点，就是不自信。

明明自己的解题方法是正确的，但在表达时却缺乏震慑力，也就是我们所说的缺乏气场。所以，在正确答案出来之前，很少有人相信他。这让他感到难过与不解。

一天，班主任把他叫到办公室，给他看了一段视频。视频里，他和另一位同学在讨论题目，那个同学的解题思路明明是错误的，但是面对小陈的质疑，他还是坚持相信自己，滔滔不绝地表达自己的观点。而小陈呢，说话犹犹豫豫，让人完全感受不到辩论的气氛。

“我觉得你这里的思路稍微偏了一点，应该是不对的吧？”

“要不你看看我的这种解法，是不是比你的要正确一点？”

“可能你的解法是对的吧，但是我们最后的答案不一样，你觉得谁的正确呢？”

以上几句都是小陈的惯用话术，听着感觉哪里不对劲呢？没错，少了骨子里的坚持与自信。这样的表达方式，即便掌握了真理，依然没有说服力，更不要提什么号召力了。他在不知不觉中消磨了自己的气势，对自己没有必胜的信心。

在一场辩论中，不管你拿到什么样的辩题，首先要相信自己，相信自己的观点是正确的，相信自己的论据是有说服力的。只有具备这样的心理素质与准备，才能成为辩论场上的赢家。

否则，你自己都不相信的观点，又如何能让别人心甘情愿地接受呢？

就像有的教师，有想法，有学历，还有一颗爱学生的心，但在学生中的威信并不高，甚至有的学生不把他放在眼里，不重视他任教的课程，也不会接受他提出的建议。

这其中有学生的错，但教师的表现也可能有不妥之处。因为教师不够自信，课堂气氛不活跃，甚至有的学生看到他被别的老师“欺负”。他提问学生，做不到坚决有力；质疑同事，做不到坚信自己，就这样一点点地失去了威信。

“李老师，我确定你这个地方绕远了，还有更简单的解题办法，我算给你看！”这是质疑的态度。

“同学们看这道题，老师要讲多年的秘诀了，你们竖好自己的耳朵了吗？”幽默而响亮的开场白，可以吸引学生仰慕的眼光。

所以，要想提高自己的说服力，应始终记住一件事：相信自己！由内而外的自信，是对自己最大的鼓励。没有人愿意失去众人的肯定，也不愿意被看成沟通上的小矮人。克服怯懦的表述方式，把握好谈吐中不卑不亢的态度，才能给对方真正的震慑。自信，无往而不利，打败谬论，你更需要它！

用提问批判，用批判性提问启发

做一个擅长思考和质疑的人，能够让我们的大脑保持清醒和灵活。错误的观点应该被批判，我们应该寻找真理与正确的方向。

不过，进行批判性提问时，我们要讲究规则与技巧，而不是靠一腔无畏的热血，以及无所顾忌的大嗓门。

首先，我们要扪心自问，自己对这个问题是不是看懂、看透了。其次，我们要理清自己的思路，不要为了提问而提问，而要真正认识到对方思路上的谬误，思考后做出明智的决定。找准结论是提问的前提。

很多人陈述问题时会进行铺垫与渲染，比如描述自己经历的一件事，会显得非常冗长拖沓，不止讲清前因后果，还要加上感慨。

"我跟你说，今天我遇到一个人，他穿得特别奇怪，年纪很大还穿着破洞的衣服，我一开始还被他给吓到了呢。不过，后来再仔细一看，挺年轻的。我东西掉地上了，他还帮我捡了呢，笑起来挺好看的。你说他是不是个好人？”

听了这样乱七八糟的描述，我们需要帮他找到描述的结论，先是以貌取人，后来因为别人的善意帮助，才有了改观。想要批判他的想法，还要借力打力，试试这样提问：“你是说以貌取人不对，以后你是不是不能再当‘外貌协会’的一员了？”

如果对方非常强势，我们又无法迅速找到质疑的证据，是不是就要放弃呢？当然不是！不管什么时候，批判性提问都要带着坚定的态度，不能让对方趁虚而入，打乱我们评判的节奏。这个时候，我们可以一锤定音，用一个问题震慑对方，在情绪上占领主动。

“所以，这件事应该是小张做的。”

“小张做的？你凭什么说是小张做的？你无凭无据就给别人下定论，就不怕毁了人家的清白？”

“我只是根据自己的想法进行推理猜测。”

“猜测？没有凭证，只是你的一厢情愿，不能这么毫无顾忌地说出来吧？”

显然，对方已经被这样的提问给吓到，不知道如何进行下一步的分析与解释。提问者在第一时间快速反应并站住脚，可以达到很好的批判效果。但要记住，我们不是好战，所有的质疑与否认都是基于对事实的拥护，对真相的信任。

不少人喜欢用数字来说明问题，试图通过这样的例子表明自己的可信度与专业性。比如："通过调查发现，百分之十五的人不爱吃早餐，是因为他们时间来不及；百分之三十的人不吃早餐，是因为没有养成吃早饭的习惯；剩余的百分之五十五，则认为早餐花样太少，没有吸引力。所以，我们的产品要想卖出去，必须做出几个系列，才会有竞争力。"听了这种掺杂着数据的陈述，是不是觉得这就是事实?

但是，这些数据未必就是真实写照，可信度不高。想想看，你身边有几个人会因为早餐单一而拒绝吃饭呢? 所以，面对这样的数据，我们要厘清思路，弄清数据来源以及计算方式。只有搞清楚数据的来源与真伪，提问才有依据。

"请问你的数据是从哪里来的，是自己调查的还是网上查阅的？"

"这些数据的采样是否准确呢？计算采用的是什么方法？"

"有没有随机核对，或者做小范围的匹配呢？"

这样的提问，会在不知不觉中让对方感受到压力。如果对方的数据没有问题，他会毫不畏惧地回答。万一对方只是随意引用，态度上必然唯唯诺诺，不敢有太明确的表示。提问方需要仔细观察，从中辨别，为自己争取有力的“证据”。

需要注意的是，批判别人本身就是一件冒险的事情，因为有可能遇到避而不答的情况。我们出了牌，对方不予回应，这时应该怎么办呢？在铿锵有力的态度支撑下，我们要适当地给对方留点回答的空间。

“你的做法我从来没有见过，能告诉我你的依据是什么吗？”

如果对方不回答，提问之后自己可以稍作补充，给对方一个台阶：“可能你的方法比较新颖，我还没有见过，你可以解答一下吗？”

不是所有人都能自信地面对提问，所以提问者既要反驳谬论，还要具备启发的能力，让对方不至于感受到敌意，但又有一种对事实的执着追求。

万事开头难，追求真理的过程复杂而又困难，只有在一次次的实战中积攒经验，才能把提问技能变成沟通的艺术。

遭遇无礼冒犯，如何绵里藏针来提问

“人之初，性本善。”我们从小就熟读这句经典，却慢慢发现人与人之间难免产生敌对和刁难。很多人业务能力非常强，却在职场中失意，就是因为他们不懂如何面对及处理复杂的人际关系。

逃避不是办法，我们要学会调整思路，以不变应万变，掌握不同的应对方式。善意的提问能够帮助我们换个角度看世界，恶意的冒犯会给我们带来交际上的困扰。这时就要展现我们的社交技能，既不能过分激进造成不必要的矛盾，又要给对方一个无法回避的问题。当对方知道自己的提问让人尴尬，才会反思自己社交方式的不妥。

小雅上班时穿了一件刚买的名牌衣服，这是老公送给她的生日礼物。由于夫妻俩平日比较节俭，这次换上名牌，小雅连步伐也自信、轻松了许多。不少同事看到她那自信的样子，都过来赞美她。

不过，总有一些人吃不到葡萄就说葡萄酸。办公室里一个穿着时髦的女同事，看到小雅的新衣服，内心酸得冒泡泡。她虽然没有几件名牌，但网上淘了不少防冒款。她一眼便认出小雅穿的是正品，却不愿承认。于是，她特意跑到小雅身边，上下打量一番，然后用尖锐的声音说："小雅姐，你这件衣服是在哪儿买的呀？是高仿的吧，做得还挺好，不仔细看，跟正品一样。"

小雅听了并没有生气，而是特别淡定地说："也不是我买的，我生日时老公送的，我问他他也不说，可能是怕我知道价格会责怪他。你说是吧？我这人眼拙，分不清正品和高仿，要不你给我讲讲？"

那个女同事听了，脸上红一阵白一阵地走开了。原来，她爱慕虚荣，之前有个男朋友因为不懂名牌与高仿，在网上买了个假货送给她，两人因此大吵一架，分了手。她的"事迹"整个公司都知道，小雅不着痕迹的提问，既秀了恩爱，又让这位女同事看到针尖显露，接不接话都会刺伤自己，只能赶紧走开。

面对同事的无礼发问，我们不需要太客气。既然无法以理服人，就只能以毒攻毒。绵里藏针的最大好处是既可以保持我们的优雅风度，又能够准确地打出制胜王牌，让对方知道我们不是“软柿子”可以随便捏。用好提问这个武器，才能很好地保护自己。

提问不是吵架，话说得太明显、太有敌意，反而拉低自己的素质水平。不管是用反问的方式还是疑问的态度，坚持自己的观点，表明清晰的立场，才是正确的做法。

老李有段时间被分配了很多工作，任务量特别大，时间又非常紧，这让他头痛不已。而上司在他忙得焦头烂额的时候，又丢过来一堆活儿，告诉他：“明天必须完成。”

老李苦笑了一下，然后问上司：“这个月您是不是准备给我发双倍工资？”

上司听了不屑一顾：“那怎么可能呢？你别白日做梦了。”

老李马上接着说：“我看您给我安排了四个人的活，还非常着急，我还以为您是着急要给我涨双倍工资呢？看来您是对我的工作有别的安排，升职加薪我都不会拒绝，看领导您的安排，您看如何？”

如果你是老李，面对领导这样的安排，是不是只会生闷气，或者一怒之下辞职呢？老李这一番话，诙谐的语气既不会得罪领导，又能向领导间接说明自己的工作量增多。面对领导的无礼回答，老李没有生气跳脚，只是柔中带刚地说明自己应该被升职加薪，否则这就是职场的不平等待遇。

谁也不能保证自己身边的一切都是阳光而又美好的，难免会有人怀揣恶意向你走来。不必害怕也不必逃避，学会提问的技巧，让对方为自己的行为付出代价。也许我们真的不善言辞，但是甩出一两个柔中带刚的问题，并不是难事：

> “你居然是这么理解的？”
>
> “如果你的想法是这样的，为什么跟你的做法完全相反？”
>
> “怎么证明你说的就是对的？恐怕没有办法吧？”

勇气能赋予我们智慧，往往灵机一动，不仅能保全我们的面子，还能抚慰我们的心灵，扭转被动的交流局面。

提问以问题为中心，以解决问题为目的

现在的人，生活压力大，不管是在家庭还是职场，都可能因为一点小事便情绪爆发。而人在盛怒之下所说的话、所做的事，都是长着刺飞出去的，这是非常不明智的。如果遇到这样的情况，我们该如何化解？不要忘记，我们所学习的沟通之术、提问之道，都有一个共同的目标，那就是解决问题。

事情分对错，做人分善恶，我们提问的目的是揭露错误的观点与做法，而不是引起“世界大战”。尽管我们也会发脾气，或者不理解，但只要记住以问题为中心，便能缓和紧张的气氛，齐心协力地解决问题。

深夜，孩子哭闹不肯入睡，父母都失去了耐心。脾气暴躁的爸爸冲着年幼的孩子发脾气：“你哭什么哭，有什么好

哭的？你怎么这么不懂事？是不是要揍你一顿，你才听话？”然而回应他的不是安静的求饶，也不是可怜的眼神，而是孩子毫无收敛的哭闹。

眼看爸爸的情绪就要失控，妈妈不能坐视不管，只能一边安抚孩子，一边向爸爸提问：

“老公，你还记得孩子今天做了什么，吃了什么吗？”

“怎么不记得？我们今天带他出去玩了一天，他疯得连午觉都没睡，而且第一次吃了巧克力冰淇淋，有吃有玩还不知足，你说他闹什么？”

“如果大人喝了茶水或者咖啡，会怎么样呢？”

“提神啊，这个还问我。”

“那么，大人困过了劲儿，也会烦躁吧？”

“那当然，我现在就烦躁。”

“孩子吃了巧克力冰淇淋，这让他的神经兴奋起来了，中午没有睡觉，身体疲乏不堪却没办法入睡，你想这是不是很痛苦？这么小的孩子大哭大闹，实际上是因为他失眠，你说这该怎么办？”

“原来是这个原因，我知道该怎么做了。我还以为孩子太任性，故意闹腾呢，差一点就要上手打他了。”

爸爸马上转变了对孩子的态度，抱着孩子边走边讲故事。他调暗灯光，降低音量，不急不躁地走来走去。儿子一开始还不愿意，后来哭闹的声音越来越小，不一会儿竟然趴在爸爸的肩膀上睡着了。

案例中的爸爸马上就到了崩溃的边缘，甚至要动手“教育”孩子。幸好事情被妈妈的几个问题轻松解决，点醒了爸爸。如果妈妈爱子心切，看到爸爸的态度如此差，两人大吵一架，事情会雪上加霜。所以，掌握好问题的火候非常重要。因为大家的目的是解决问题，而不是吵架争论谁对谁错，所以一开始就要保持初心，既能层层递进地提出问题，又能在不争不吵中完美解决。

家庭生活中是这样，工作中也是如此。大家是在为了一个共同的目标奋斗，需要合理解决问题，为公司的正常运转共同努力。但是，如果出现错误，大部分人会急着找出责任人，劈头盖脸地进行批评，严重的还会扣薪水，甚至辞退。但这样做的意义是什么？事情没有解决，再多的惩罚措施也只是推卸责任。

徐会计检查项目时，发现自己算错了一个数，他意识到事情非常严重，会影响公司的融资项目，于是马上向老板反映了这个问题。

徐会计本以为自己说完后，会迎来一番狂风骤雨般的责骂。谁知老板听完他的陈述，思考了一会儿问道：“还有修改的余地吗？”徐会计点点头，把自己改好的解决方案交了上去。

老板看完后询问："这样就可以了，对吗？还有其他需要注意的细节吗？"

这一点徐会计也想到了，他把自己的考量说了出来。老板在整个过程只提了这两个问题，就没有再说其他的事情。

最后，徐会计忐忑不安地问道："老板，您不惩罚我吗？"

老板笑了笑："你犯了错不假，可问题都能解决，你也给出了方案，我还有必要惩罚你吗？回去好好干活吧，别想太多。"

这个老板不仅懂沟通技巧，情商也非常高。他可以像其他老板那样发火："你是怎么做事的？这么重要的工作也会出错？你工作几年了？"这样的质问没错，却不能帮助他解决问题，反而会增加员工的心理负担。即便员工有好的补救方案，也不敢拿出来了。到最后，受损的是公司，还有跟员工的关系。

所以，错误出现的时候怎么解决，提问很重要。本能地发火，提出诘问，却把方向搞错，最后只会多方俱败。拿出真诚的态度，努力纠正偏离的方向，才不会辜负生而为人的智慧与气度。